歴史文化ライブラリー
402

倭人への道

人骨の謎を追って

中橋孝博

吉川弘文館

目 次

「倭人」登場への道のり――プロローグ

1　「倭人」登場への道のり

歴史上の倭人

今からおよそ二〇〇〇年ほど前、極東の小さな島国に、当時の中国から「倭人《わじん》」と呼称される人々が百余国に分かれて住んでいた。現代とは比べるべくもない稚拙《ちせつ》な通信・交通手段しかなかった時代、おそらくはまともな地図すらなかった時代に彼らは海を渡り、漢王朝の役所が置かれた楽浪郡《らくろうぐん》へ定期的に朝貢《ちょうこう》していたという。

中国の正史（『漢書《かんじょ》』地理志）にわずか一九文字で書かれたこの話は、遅くとも弥生時代になると日本の地に多大な危険を冒し、多くの財貨を費やしてまで大陸の王朝と交渉を持とうとする人々が住んでいたこと、そして当時から既にそうした使節を海外に派遣するような組織が日本列島に存在し、派遣せざるを得ないような国々の関係がうまれていたということを如実に伝えている。

歴史上ここに初めてその名が登場する「倭人」とはどのような人々だったのだろうか。もちろん彼ら「倭人」が日本列島の最初の住人ではないし、この人々に当時の日本列島の住人を代表させるわけにもいかないだろう。『漢書』より後に書かれた有名な『魏志《ぎし》』倭人伝《じんでん》の記述からもうかがえるように、倭国に敵対する勢力がまだ各地に残っていた時代の話であり、おそらくは東日本や北海道、あるいは琉球列島など日本各地には文化的にも人の特徴にも大きな違いを持った住人がいたはずである。とはいえ、その後の古墳時代から現代に至る歴史を振り返れば、彼ら「倭人」がわれわれ現代日本人へとつながる祖先か、もしくはその重要な要素になった人々であることはほぼ間違いない。東アジアの一角に「倭人」「倭国」が登場するまでに列島を舞台としてどのような歴史が刻まれてきたのだろうか。彼らはどのような姿形をした、どのような生い立ちを秘めた人々だったのだろうか。

倭人をめぐる多くの謎

わが国にはこうした過去の日本列島人に関する、古くは江戸時代にまでさかのぼる長い研究の歴史がある。しかし、足かけ三世紀あまりを経た今もなお残された謎は多い。出発点となる更新世《こうしんせい》の日本列島の住人については、二〇〇〇年（平成十二）秋に発覚した前期旧石器捏造《ねつぞう》事件は論外としても、まだその姿は真っ白なベールの向こうに隠れたままである。後を継いだ縄文時代人もまた、東アジアの古人類研究が進むにつれてかえって彼らの起源や位置づけについての謎を深め、改めて議論が活発化しつつある。一万年あまりにわたってあまねく日本列島各地に居住して地域色豊かな縄文社会を創世、発展させてきた彼らはどういう生い立ちを秘めた人々なのか。その答えに至る道は、いまだなお、東アジア更新世への入口辺りで途絶えてしまっている。

そして、彼ら縄文人の後を受けて日本列島に登場する弥生時代人は、この分野の研究が始まった当初から、より多くの謎に包まれた存在であった。はじめは資料欠落のゆえに姿が見えず、戦後になってようやくその実像が明らかになってからもなお、彼らの由来や縄文人との関係については異論が絶えない。弥生時代は、いうまでもなく日本の歴史上の大きな転換点であり、北部九州に芽生えた新しい文化とその各地への波及は在来の社会を急速に塗り替えていった。そしてそうした激しい変革の時代を生き、自ら変革を担った弥生人こそ、冒頭に記した中国の史書で「倭人」と呼ばれた人々であり、われわれ現代日本人へとつながる新たな出発点となった人々である。長年の取り組みによって彼ら倭人が大陸からの渡来人、もしくはその遺伝的影響を受けた人々であることがほぼ実証されつつあるが、残された謎も依然として多い。そもそも彼らはどこを源郷とする人々なのか、いつごろ、どうして、はるばる海を渡ってこの列島にやってきたのか、そして彼らは先住の縄文人たちとどのように絡みあいながらこの列島に定着し、広がっていったのか。

本書ではおよそ二〇〇〇〇年前の日本列島に「倭人」が登場するまでの長い道のりを話の軸に据え、これにまつわる様々な疑問、課題を浮かび上がらせながら、これまでの取り組みの経緯や研究の現況をなるべく作業現場に近い視点から紹介していこうと思う。一応、時代の古い方から話を始めるが、途中、話の流れ次第で何度か時代を飛び越えたり、本書のタイトルである「倭人」とはほど遠い地域までうろついて、読者にあらぬ迷走のお付き合いを強いることになるかも知れない。また、右記のような多くの謎に対して本書で明快な解答が提示できるわけでもなく、残念ながら未解明のまま後進に託すしかない部分も少なくない。筆者自身、これまでの四〇年近い取り組みの中でしばしばその深い陥穽《かんせい》に落ち込んで身動きがとれなくなったり、ようやく光が見えたと思ったらさらに大きな穴ぼこが見つかったりで、ゴールにたどり着けぬまま、ただ右往左往してきただけのような忸怩《じくじ》たる思いから抜け出せないでいる。

そんな、結局は試行錯誤の愚痴めいた顚末《てんまつ》を聞かされるのは読者にとって迷惑でしかないかもしれないが、ただ、願わくば本書が一人の人類学徒の個人履歴にとどまらず、古人類学研究の偽らぬ現状をいくばくかの臨場感と共に読者に伝えるものになってくれればと思う。容易に謎が解けぬばかりか、謎がまた新たな謎を生み続けるような、その一方で、一つの新発見がそれまで多大な努力に拠って構築されてきた定説を無残に打ち砕いてしまう、そんな危うさをも秘めた古人類学研究の醍醐味《だいごみ》、さもなくば雰囲気のようなものだけでも味わっていただきたい。

旧石器時代の日本列島人

最初の日本列島人は?

捏造発覚

二〇〇〇年(平成十二)十一月五日の朝、東京大学で開かれていた人類学会の会場に筆者がやや遅れて着いてみると、すでに発表が始まっている時刻なのに、かなりの人数がロビーにたむろして何やら真剣に話し込んでいる。近づいていくと、顔見知りの一人が読んでいた新聞を黙って差し出してきた。それは、紙面全体に見たこともないような大きな活字とカラー写真を並べて、東北の前期旧石器の捏造《ねつぞう》発覚を報じる毎日新聞であった。一面だけではなく、二面三面と、関連の記事と写真が続いている。私はあわただしく活字を追いながら、その内容はもちろんだが、同時にあまりのタイミングの良さに心底おどろいていた。

実は一昨夜、旧石器研究者の竹岡俊樹と食事をした時、この仙台周辺の遺跡で次々と記録を塗り替えている「前期旧石器」なるもの、そしてそれを容認し、顕彰している専門家たちへの痛烈な批判を聞かされていたのだ。おまけに前夜も私は、さる報道関係者との宴席で仙台の前期旧石器にはかなり疑惑があることを告げて、あたまから報道を信じていた彼らを驚かせたばかりだった。もちろんそれはほとんど竹岡の言の受け売りにすぎなかったのだが、その昨夜の酔いも醒めぬ内の、今朝のこの記事である。

竹岡から東北の「前期旧石器」に対する批判を聞かされたのは、その時が始めてではなかった。二〇年近く前に宮城県の座散乱木《ざざらぎ》遺跡で初めて「前期旧石器」発見の報が出されて以来、竹岡は会う度に、「あれは古ないで、でたらめや」と一貫して批判を繰り返してきた。彼とは一九八〇年（昭和五十五）に同じパリ人類博物館の、竹岡は旧石器を扱う先史学研究室で、私はアフリカの化石研究で知られるイブ・クパン教授の人類学研究室で留学生生活をしたとき以来の仲である。前期旧石器を学位論文のテーマにして数年間どっぷり本場の資料に浸りきった生活をした彼の言だから、もちろんその批判が的はずれなものだとは思わなかったし、古人骨が専門の、この問題ではいわば門外漢である私はいつも彼の批判の聞き役でしかなかったが、ただそうはいっても、当時、竹岡のいうことの全てに共感し、納得していたわけではなかった。

「前期旧石器」への期待

もともとそれまでの一連の前期旧石器報道については、発見されていた数百個に及ぶ「前期旧石器」の九九%以上を藤村新一ひとりが発見していたという事実や、あるいは石器の年代を次々と古く塗り替える間隔が、捏造発覚までの数年、異常なほど狭まってきている状況など、何か違和感というか、不自然なものを感じていた関係者は多かったはずだ。事実、毎日新聞の記者が隠しカメラまで設置して藤村の行動を監視し始めたのは、竹岡の批判をはじめとして、次第に関係者の間でも高まっていた疑惑の高まりがきっかけになってのことである。しかし私はそうした疑惑の一方で、後述のように日本列島にも前期旧石器時代、つまりは北京原人の時代から人が住んでいたとしても何ら不自然ではなく、その彼らの道具が発見されるのはいわば当然の成り行きだという気持ちも持っていたため、どこかでこの発見ラッシュを歓迎する気持ちをぬぐい去れないでいたのである。

そのため私も一度だけ「前期旧石器」なるものを実見するため、発覚前に仙台で開かれた「東北旧石器文化研究所」主催のシンポジウムにはるばる九州から出かけていったことがある。しかし、机に並べられた石器は、専門外の私の目にも意外に新しいものに映った。少なくとも実際にフランスの発掘現場で目にし、手に取っていたものとはひどく違っていた。「これなら後期旧石器といわれてもわかりませんね」と思わず呟《つぶや》くと、横にいた旧石器の専門家が、「いや、縄文でも良いくらいですよ」とさらに過激な言葉を吐いて私を驚かせたのを覚えている。捏造発覚後の検証でこの旧石器研究者の感想は的を射ていたことがわかるが、しかし、その場でのそんな私たちの会話は批判というよりは単に冗談めかした感想の吐露のようなものでしかなかった。少なくとも私は、竹岡の影響で強い疑念を抱きながらも、その一方で「これがひょっとすると日本の前期旧石器なのかもしれない」と、大きな期待感を持って見入っていたのである。今にして思えば恥ずかしい限りだが、しかし、なにしろそれは厳密な年代測定の結果から確かに何十万年もさかのぼる古い地層から出土した（はずの）ものであった。単に形が変だからといって、誰も見たことがない、初めて地中深くから掘り出されたモノを直ちに否定する訳にはいかない。これまでも考古学や人類学の世界では、既成の学説をその時々の人々にとってはまさに意外で驚きに満ちた発見によって打ち破りながら発展してきたのである。おそらく私以上に強い違和感を覚えていたはずのその旧石器の専門家にしても、ほとんど学会を上げて賛同と賞賛の声を高めつつあった当時の状況に真っ向から楯突くほどの根拠や確信は持ち合わせていなかったのだろう。

この東北の前期旧石器問題には、当初、東京都教育委員会の小田静夫もその出土層に対する疑義を公にしていたし、竹岡のように最初から最後まで異議を唱え続けた研究者がわずかでもいたことは、おそらく学会にとってせめてもの救いではあったろう。長く考古学会のリーダー役の一人であった故佐原真は、発覚後のテレビ番組に竹岡と一緒に出演し、批判論文を貰っていながらまともに取り合わず無視してしまった自分の非を率直に詫びていた。同じような忸怩《じくじ》たる悔恨《かいこん》の念にかられた研究者は他にも多数いたはずだが、残念ながら佐原のような反省の弁はそれほど聞こえてこず、己の不明を恥じるどころか、むしろ、以前から自分も疑っていた、信じていなかった、といった類の発言の方が目立ったのは、関連分野の一員としてあまり目にしたくはない光景だった。

機能しなかった「批判」

結局のところ、この捏造事件は、マスコミ報道が先行するばかりで、あるべき研究者間の相互批判が機能しなかったことが元凶の一つになったのだろう。単なるニュースで知るのではなく、現物の資料を前にして内外の研究者が自由に意見を交換し合う場がもっと頻繁にあったならと、つくづく思う。同時にまた、今回の事件は研究者としてニュース報道や記者への対応の難しさを痛感させられる出来事でもあった。自身の研究や発見が新聞やテレビに取り上げられ、広く報道されることは、その研究者本人にもしばしば大きな影響、変化をもたらさずにはおかない。マスコミ報道の有無、頻度まで業績評価に加えられるようになった昨今ではなおさらで、場合によっては、一種の覚醒剤のように働いて、研究の進展というよりまずはマスコミを通じての自己アピールの拡大の方を追求するようになってしまいかねない。ともあれ、藤村という人物もまた、単なるアマチュアの熱心な石器ハンターから、一躍旧石器研究の最前線に立つ花形スターの座に押し上げられ、ゴッドハンドとまで顕彰されて、後戻りのできない袋小路に追い詰められていったのだろう。

それはしかし、おそらく藤村個人だけの話ではあるまい。もともと、藤村の所属していた「東北旧石器文化研究所」は、公的資金ではなく一般の支援者の援助をもとに地道に夢を追って調査活動していた、わが国では希少な研究グループであった。仙台周辺で「前期旧石器」発見の報道が相次ぐと、日本の他の地域からもこのグループに、今度はこちらでも旧石器を見つけて、という要請が相次ぐような現象も起きたというが、その期待に添う結果を出し続けることは、藤村だけではなく、何の公的なバックアップも持たないこの研究組織自体の存続、発展にも直接関わる課題になっていったのだろう。それは、騙されたとはいえ一旦同じレール上に乗ってしまった数多くの関係者にとっても同様だったのではなかろうか。結局、マスコミはもとより、何人かの有力な考古学者までこぞって「最古」の更新を煽り立てるような過熱現象の中で、本来は最も大事にされるべき「前期旧石器」

の厳密な検証などは後回しにされていったのである。

「旧石器」をめぐる論争

それにしても、当時言われていた五〇〜六〇万年も前にさかのぼる「前期旧石器」と、捏造に使われたという後期旧石器時代や縄文時代の石器とがどうして識別できなかったのだろうか。竹岡の言によれば、仙台周辺の

「前期旧石器」は、「江戸時代にテレビがあるようなもの」ということだが、おそらく石器形態からそこまで言い切れる研究者は少ないだろう。もともと旧石器の鑑定では専門家の間で意見が割れることがそう珍しいことではないし、特にその時代認定については、石器形態よりもそれが掘り出された地層の年代が重視されてきた。今回のようにわが国では誰も見たことがない時代のものとなれば、そうした手法が一定の合理性を持つのは事実だし、石器のカタチからの判断が難しかったこともある程度は頷けなくもない。ただそうはいっても、世界的には珍しくもない前期旧石器に精通した研究者がもう少しわが国にいれば、そして、掘り出された「前期旧石器」が最初から広く研究者間に公開され、先述のシンポジウムで会った専門家が漏らしたような、おそらくは多くの研究者が共有していたはずの疑問がもっと声高に広まっていれば、このような恥ずかしい結果にはならなかっただろう。今さらこんなことをいっても愚痴にしかならないが、せめてこの痛い経験を今後に活かせなければ、それこそ救われない。

日本列島にいつごろ人類が足を踏み入れ、住み着くようになったのか、その謎の解明に石器は大きな手がかりを与えてくれるはずだが、じつはわが国には今回の捏造事件以前から、旧石器の存否やその解釈をめぐる長い迷走の歴史がある。学史的な詳細は多くの成書に譲るが、例えば長年に渡って旧石器学会をリードしてきた故芹沢長介は、大分県の早水《そうず》台《だい》遺跡や栃木県の星野《ほしの》遺跡などでの発掘結果を基に中期〜前期旧石器時代（それぞれ三万〜一二万年前、一二万年以前）にまでさかのぼる文化層の存在を主張していたが、一方ではその石器の真偽を疑う声や地層の時代認定に対して異論が出され、容易に決着をつけられずにいた。石器の真偽というのは、捏造か否かということではなく、人の手が加わった人工品かそれとも自然に割れた石（偽石器）かということだが、この判定が場合によってはなかなか難しい問題になるのである。偽石器か否かで評価が二転三転した、直良信夫発見の明石の「旧石器」などもその典型例だろう。

一九三一年（昭和六）、独学で考古学や古生物学を学んでいた直良信夫は、結核の療養のために転地した明石の海岸で、後に「明石原人」と呼ばれる左寛骨《かんこつ》を発見した。化石化してどっしりと重かったというこの寛骨は、一九四五年五月の東京大空襲で消失してからもその評価が大きく揺れ動く数奇な運命をたどることになるが、化石発見の以前にも直良は同じ明石海岸で「石器」を発見して人類学雑誌に発表していた。そして、その直良発見の「旧石器」が、当時の学会の重鎮である鳥居龍蔵に、自然石だとして厳しく批判されるのである。しかし後年、芹沢長介は少なくともその一部について立派なチョピングツール（両面加工のある粗製石器）だと認定し、直良のいう「旧石器」を実見もせずに頭ごなしに否定した鳥居の態度を強く批判したりしていたのだが、話はこれで終わらず、今度は国立歴史民俗博物館の春成秀爾がまた自然石であろうと否定するのである。

石器なのか自然石なのか、専門家でもどうしてこんなに意見が分かれるのか不審に思う人が多いだろう。石器にはもちろん教科書に載っているような誰が見ても一目瞭然というものもあるが、しかし実際に遺跡から出土するものはそうした典型例ばかりではない。どちらなのか判別に迷うものが少なくなく、当然時代が古くなり、石器の作りが粗雑になればなるほど、この種の問題はいっそう厄介になっていく。

盲目の石器研究者

話が少しわき道にそれるが、こういう問題になると、私はいつも、三〇年余り前に出会った盲目の石器研究者のことを思い出す。一九八一年の夏、フランスとスペインの国境近くにあるアラゴ洞窟遺跡で、一ヵ月ほど発掘調査に参加したときのことだ。そこからは一九七一年にアラゴ原人、あるいはトータベル原人と呼ばれる約三〇万年前の化石頭蓋が発見されており、毎年夏になると世界中から一〇〇人近い研究者、学生が集まって大々的に発掘調査が続けられていた。パリに留学中だっ

図1　フランス・トータベル村とアラゴ洞穴（右図矢印）

た私も、発掘者のド・ルムレー教授に頼んで仲間に加えてもらったのである（図1）。

ある日の夜、村のカフェで長居をしすぎたために二キロほど離れたキャンプまで一人で歩いて帰る羽目になったのだが、ピレネーにも近い山中のことゆえ、村を出ると遺跡の下のキャンプまで民家は一軒も無く、夜ともなると足元さえよくわからぬ漆黒の闇が辺りを覆いつくす。ただ、それだけに星がきれいで、いつもは仲間と一緒に夜空を眺めながらぶらぶら帰る道なのだが、一人で歩くとなると辺りの闇が急に野生をむき出しにするようで、風の音にさえ追われて自然と足が早くなってしまう。歩き出してしばらくしたころ、後ろから車が来たので思わず手をあげると、それまでこの道では一度もヒッチハイクに成功したことがなかったのに、珍しく止まってくれた。車は小型のバンで、運転席の婦人にいわれるまま後ろに乗り込もうとして、妙な気配に一瞬ギョッとした。暗くてわからなかったが、かなり大きな犬がいきなり生暖かい息と共に顔を寄せてきたのである。思わず声でも出したのだろうか、婦人が振り返って叱ると犬は途端におとなしく座り直したが、それもそのはず、この犬は盲導犬であった。補助席にもう一人初老の男性が座っていて、夜なのに黒いサングラスをかけていた。しかし私が行き先のキャンプ地を告げると、その人が「ああ、ルムレー教授の発掘現場か」といった。

彼の話を聴いて驚いた。盲目なのに彼も石器の研究者で、ルムレー教授とも何度か一緒に仕事をしたことがあるという。しかもそれは、指で触れながら石器か否か、石器ならどのタイプなのか、そうしたことを判別するというのである。すぐには信じられないような話だったが、しかし、自然石なのかそれとも人工品なのか、その判定が想像していた以上に難しいものだということは、この遺跡に来て痛感していた。骨の専門家である私はそれまで旧石器というものにじかに触れた経験がなく、こちらにきて、最初にこれがアラゴの石器だと見せられた時も、そのあまりに粗雑なつくりの「石器」がただの石ころにしか見えず、感想を求められて返答に困った経験があった。フリント（火打ち石）のように加工痕がはっきり見える石器ならまだしも、特に石英製ともなると、門外漢の私の目にはほとんどお手上げであった。

意外な話ではあったが、考えてみれば、中途半端な目で観察するよりは、盲目者の鋭敏な指先の方がむしろ有効だということもあるかもしれない。車がすぐに発掘キャンプに着いてしまったので、その時は名前も聴かぬまま慌ただしく別れたのだが、翌日さっそくルムレー教授に聴くと、話は一応事実のようだった。ただ、どの程度正確なのかと重ねて聴くと、教授は曖昧に首を振るだけで、話はそれで終わってしまった。教授の態度からすると、その人にも、またその手法にもあまり重きを置いていない印象だったが、もっとも、ルムレー教授は石器をコンピュータで分析する、いわば最新の手法で売りだした人だから、無理もないかも知れない。しかし、ともかくも石器かどうかの判定に盲人の敏感な指先に頼ることもあったという事実は、その作業が場合によってはいかに微妙な作業になるかを如実《にょじつ》に物語っている。

その後、あの老夫婦もキャンプに加わるのかと思っていたが、どこへ行ったのかそれっきり姿を見せないままだった。一度、教授から聴いたはずの彼の名前も、もう憶えていない。ただあの時、一人夜道を歩いていた異国の男を恐がりもせず車に乗せてくれた親切な老夫婦のことは、こうした石器の話が出る度にトータベル村の夜道の心細さと共に思い出す。

大陸と日本列島

日本列島にいつごろから人が住み着いていたのか、今回の前期旧石器捏造事件によって、三～四万年前より前にさかのぼる時代については全てが白紙に戻されたが、大陸の状況を眺め渡すと、少なくとも更新世《こうしんせい》中期後半から後期始めにかけてのころ、日本列島に人が住んでいなかったとしたら、むしろその方が不自然な状況が見えてくる。

大陸との陸橋

地図で日本列島を見ながらそこで暮らす人々の形成史に思いを至らせると、おそらく誰しもその追跡がなかなかやっかいな作業になりそうだということに気付くだろう。人類がこの地で誕生したわけではない以上、いつかどこかから列島へと流入した人々がいたのだろうが、まず気になるのは、入口になりそうなところが複数あることである。北端では北海道が樺太《からふと》を経由して沿海州《えんかいしゅう》と、列島の中程では九州・中国地方が朝鮮半島に近接しているし、さらに九州南端からは台湾まで小さな島々が弧を描いて点々と連なっている。北から南まで距離にして三〇〇〇キロ余り、これだけ出入口が遠く分散していると、当然、そこから入ってくる人々の特徴に違いがあっても不自然ではないし、それぞれに流入時期の隔たりが重なれば、話はさらに複雑になる。

そもそも、どの時期、どこで大陸と日本列島の間に陸橋が形成されていたのだろうか。時代が古くなればなるほど人類の渡海手段は限られていくので、陸橋の有無はこうした問題を考えるうえで重要な鍵になる。しかも、右記のような現在の地図で見る近接部が実際に流入路になり得たかどうか、実はその点も定かではない。周知のように更新世の後半になるといわゆる氷河時代が何度か地球を襲い、海水面が低下して浅瀬が陸化する現象が起きた。問題になるのは、各氷河期の海面の低下幅と海峡部の水深の関係である。例えば約二万年前の最寒冷期にはおそらく最大一二〇メートルほど海面が下がったとされるが、水深が一三〇メートル以上ある朝鮮海峡や津軽海峡は陸化しなかったと考えられている。では、その前はどうだったのだろうか。

こうした問題については、現在、海底地形とその地層中に含まれる珪質微化石《けいしつびかせき》（珪藻《けいそう》や放散虫《ほうさんちゅう》の化石）の分析や有孔虫《ゆうこうちゅう》化石の酸素、炭素の同位体比分析、あるいは長鼻類《ちょうびるい》を中心とした動物化石の比較分析などから有力な情報が寄せられている。海水中の珪藻類は水温や塩分濃度、ひいては黒潮と親潮で種組成が変化するし、さらには有孔虫の殻（$CaCO_3$）に含まれる酸素や炭素同位体比は当時の海水温によって変化するので、海底をボーリングして各地層中に含まれるこれら微化石を分析し、あわせてその年代を他の理化学的手法で決めていけば、水温の時代変化、暖流・寒流の影響をかなり具体的に追跡することができる。例えばもし朝鮮海峡が陸化すれば、南からの黒潮が日本海に入ってこられなくなって水温が低下し、珪藻類の種組成にも変化があらわれるし、有孔虫殻の安定同位体比もそうした水温の変化を示すだろう。

一方、列島内の動物化石を調べて、大陸に生息していた動物がいつ日本列島に出現するかを探っていけば、陸橋の有無やその形成期が浮かび上がるはずである。動物化石の種を突き止めて当時の大陸での分布域と照合すれば、どの辺りから流入したかもわかるだろう。河村善也による長鼻類化石（象の化石）を中心とした分析では、更新世の後半には三度の流入が想定され、一度目は六〇～五〇万年前辺りに中国南部からトウヨウゾウが、二度目は四〇～三〇万年前に中国北部から朝鮮半島あたりを経由してナウマン象が、そして三度目は後期更新世のおそよ七万年前以降の最終氷期に、シベリアからの北回りのルートでマンモスの一種プリミゲニウスゾウを代表とするマンモス動物群が北海道まで流入したと推測した。吉川周作らはこうした動物化石の分析に先の海底堆積層の酸素同位体分析を組み合わせて、それぞれ一回目を六三万年前、二回目を四三万年前と絞り込んだ結果も発表している。

水深の浅い間宮《まみや》海峡や宗谷《そうや》海峡は以前にも何度か陸化していただろうが、後述のように人類が大陸北方のこの位置まで分布を拡大したのは後期更新世（一三万年前以降）になってからと考えられるので、今のところ中期更新世までさかのぼって北の通路を問題にする必要性は薄い。また、この北の通路は最終氷期にも津軽海峡で途切れていたとされるが、しかし冬季には氷結して、マンモスは無理だったようだが、ヘラジカなど少数の大型獣が本州へと流入した。一方、朝鮮海峡については、最後の最寒冷期（約二万年前）にも大陸の北に分布したオオツノジカなどを含む黄土動物群の流入が確認できず、やはり狭いながらも（最小一五キロ程度か）海峡が存在したとする意見が強い。

これらの時期以外にも陸橋の存在を示唆する意見や、各氷期の水面低下幅などには異論も多いが、いずれにしろこうした研究成果から見て更新世後半に日本列島が何度か大陸と陸続きになったことはほぼ確実であり、それは少なくとも地理的には人類の流入も可能だったことを意味している。

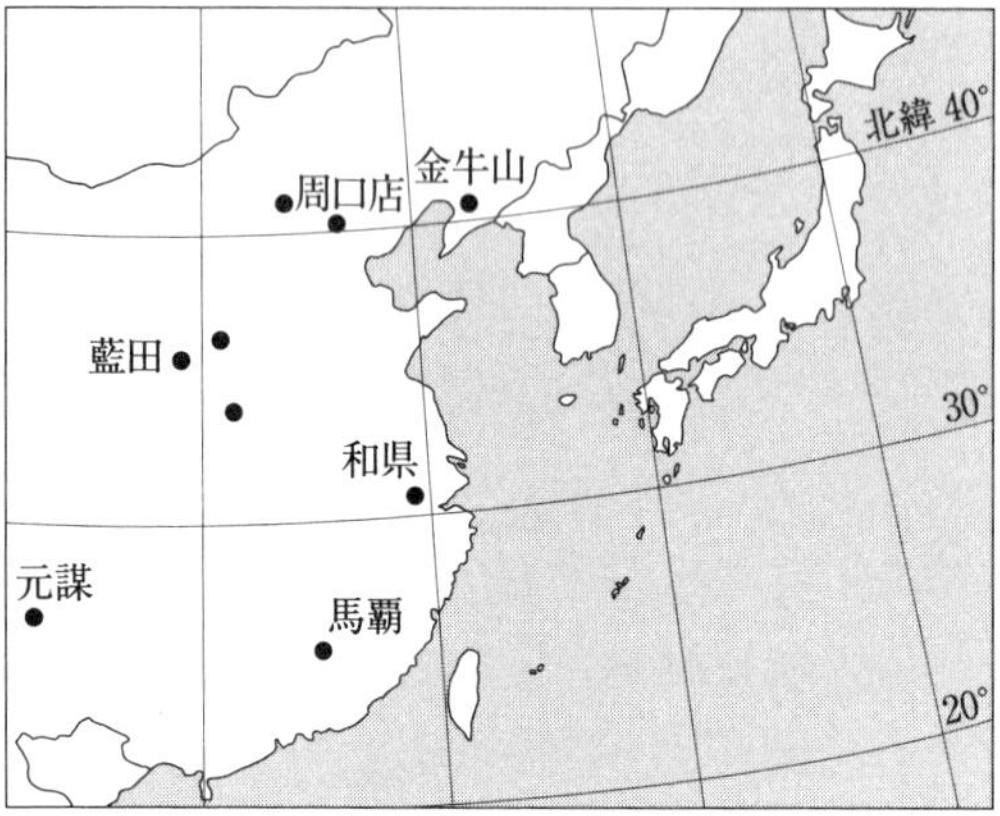

図２　東アジアの化石出土地点（原人～旧人）

大陸の化石人類

そして、当時の大陸を見渡せば、多数の化石人類や前期旧石器の発見例が日本列島を取り巻くように広く分布しているのである。周知のように中国では北京郊外の周口店《しゅうこうてん》で五〇～六〇万年前にさかのぼる北京原人化石が発見され、遅くともこの時期には北緯四〇度辺りまで人類の分布域が広がっていたことが確認できる。ほぼ同緯度の、もう少し日本に近い遼寧省《りょうねいしょう》でも約二〇万年前ごろの金牛山《きんぎゅうざん》人が発見され、さらに朝鮮半島でも、例えば同志社大学の松藤和人らによる年代分析によって、全《チョン》谷《ゴ》里《ニ》遺跡（京《キョン》畿《ギ》道《ド》）で三〇～三五万年前にさかのぼる前期旧石器の存在が確認されている（図2）。

地図で見ると、北京と同じ北緯四〇度の緯線は本州の北端をかすめており、北海道を除く列島のほとんどはいわば原人類の分布域に入っている。寒冷地の厳しい環境が当時のおそらくまだ適応能力の低かった人類の北上を妨げていたとするなら、そして何度か大陸との間に陸橋が形成されていたことを考えれば、より温暖で動物も少なくない日本列島への人類の進入を阻む要素は見当たりそうにない。もし本当に当時の本州や九州辺りが無人だったのなら、むしろその理由が問われることになろう。

捏造発覚後の調査によって、実際にいくつか中期旧石器時代までさかのぼる遺跡も報告され始めている。例えば岩手県金取《かねどり》遺跡では七〜九万年前の、島根県砂原《すなばら》遺跡では一一〜一二万年前にさかのぼる地層から石器が出土したことが報じられた。まだ年代や石器の認定についての異論があり、これによって中期旧石器時代の人類の存在が明確になったとはいい難いが、状況的には近い将来、中期ばかりか前期旧石器発見も、さらにはその石器を残した人類化石の発見も決して夢物語ではない。

人類のアジアへの拡散

さらにまた、近年の大陸での研究動向は、こうした日本の最初の住人を考える作業に基本的な修正を迫る動きを見せている。そもそもこの東アジアに人類がいつごろ到達したのか、以前は北京原人をはじめとする中国の化石や東南アジアのジャワ原人などの年代から、およそ一〇〇万年余り前にアフリカ起源の原人類が住みつくようになったとする考えが一般的であった。以前から中国では化石や石器の年代として一〇〇万年を大きく超える測定値が何度か公表されてきたが、そのほとんどは再検討の過程で消えるか、あるいは無視の包囲網の中に消し去られてきた。

ドマニシ遺跡

しかし、一九九〇年代に入って、黒海とカスピ海に挟まれたグルジア共和国のドマニシ遺跡から、驚くべき発見のニュースが報じられた。一八〇〜一七〇万年前にもさかのぼる

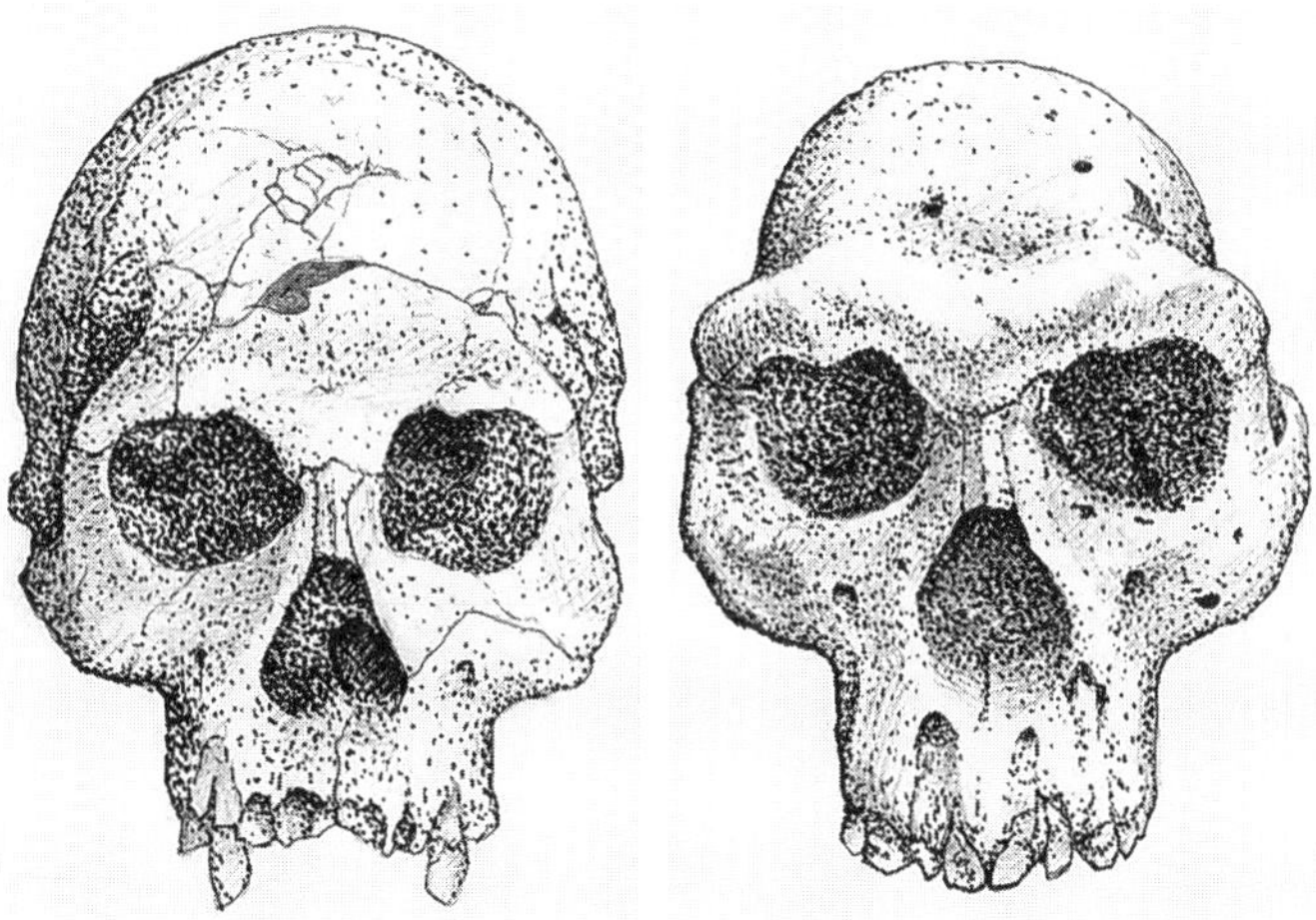

図３　グルジア共和国ドマニシ遺跡出土の頭蓋骨

地層から人類化石が出土したというのである（図３）。グルジア科学アカデミーのロルドキパニゼらが一九九一年に最初に掘り出したのは比較的保存の良い下顎骨《かがくこつ》だったが、しかしこの分野の過去の画期的な発見例と同様、すぐには学会の認めるところとはならなかった。発見直後のドイツの学会でこの下顎を見た著名な人類学者の多くは、おそらく年代推定の間違いで、原人より後の時代の化石だろうと判断した。しかし、調査チームがその後、一九九九年、二〇〇二年に相次いで保存良好な頭蓋化石を掘り出し、さらにはオルドワン型と分類される、原人類が使っていた石器より一昔前の道具類まで揃えて提示すると、そうした疑問の声も急速に消えていった。特に二〇〇五年に最後に発見されたほぼ完全な頭蓋化石（図3右）は脳容量が五四六ccしかなく、原人類にも及ばない、むしろホモ・ハビリスというアフリカの一段階前の人類に近いことも明らかになって、形態面でもその年代の古さと整合することがわかったのである。

この発見は、人類進化上の一大事件である脱アフリカの時期や、その要因についての従来の解釈にも大きな影響を与えることになった。今のところ人類最古の化石は二〇〇二年に中央アフリカのチャドで発見されたサヘンラントロプス・チャデンシス（通称・トゥーマイ、およそ七〇〇万年前）とされ、以後、二〇〇万年くらい前に至る間の初期人類の化石は全てアフリカで発見されてきた。人類に最も近い遺伝子をもつ、おそらくは樹上で暮らした四つ足の共通の祖先から最後に分岐したチンパンジーもアフリカに住んでおり、この大陸が人類揺籃《ようらん》の地であることはまず確かであろう。アフリカで生まれ、進化した人類がいつごろアフリカから脱して世界に拡散し始めたのか、その追跡は当然、日本を含むアジアの人類史の解明に大きく関わってくる。

アフリカとアジアやヨーロッパは地続きだから、出ようと思えばいつでも可能なように思えるかもしれないが、しかし、慣れ親しんだ恵み豊かなアフリカから離れて、異なった自然環境、特に温帯域のような季節によって寒暖の変化が激しい、それに伴って動物や植物資源も変化するような環境下で生き抜くには、当然それなりの適応能力が要求される。

そのためには脳のサイズもある程度大きくなって、例えばハンドアックスと呼ばれる便利な道具類を作り、使いこなせる段階にならないと、そうしたより厳しい環境下での生存は難しいのではなかろうか。ジャワや中国出土化石の年代値と考え合わせれば、およそ一〇〇万年ほど前になって人類はようやくそうした能力を獲得して脱アフリカを果たしたのであろう、これが従来の一般的な認識であった。

しかし、ドマニシでの発見は、こうしたモデルを見事に打ち砕いてしまった。一八〇万年近く前にすでに緯度では北京と大差ない北方まで人類が進出していたとなると、さらに早い時期からアフリカを出ていた可能性すらあろう。しかも、その脳容量はわれわれの半分にも満たなかったというのである。もちろん、知能レベルは脳のサイズだけで決められるわけではない。例えば一九二一年にノーベル文学賞を受賞したアナトール・フランスのように、脳容量が一〇〇〇cc余り（現代人平均は約一四〇〇cc）でもすばらしい芸術作品を残し得た例は良く知られているし、われわれよりも大きな脳を持っていたネアンデルタール人がより高知能の持ち主だった証拠もない。量より中身ということだろうが、ただ人類は進化の過程で急速に脳のサイズを増やしながらその文化レベルを押し上げてきたのも事実なのである。どの程度のサイズがあればどれくらいのことが可能になるのか、脳機能の研究が急ピッチで進められている現在の知見をもってしても、いざそれを化石人類の脳に適用することになると、その見極めは容易ではない。というのも、近年、とんでもない発見が改めてこうした脳サイズと文化レベルの問題に難問を突きつけてきたのである。

ホモ・フロレシエンシス

二〇〇四年、ジャワ島の東にあるフローレス島で、約一万八〇〇〇年前の、脳が四〇〇cc程度しかない、身長もわずか一メートル程度の極めて小型の人類化石が出土したというニュースが世界を駆けめぐった。はるか三〇〇万年前のルーシー（アウストラロピテクス・アファレンシスの代表化石）の時代ならいざ知らず、こんな小型の人類がつい最近まで生存していたこと自体大きな驚きだが、同時にまた、グレープフルーツくらいの、せいぜいチンパンジー並の脳サイズしかもたない彼らが、後期旧石器にも見紛う進歩した道具類を使いこなしてステゴドン等の狩猟を行っていたというのだからなおさらだ。おそらくこの発見を最初に耳にした研究者のほとんどは、何かの間違いだろうと疑ったに違いない。単なる病変例か、さもなくば年代推定の間違いか（図4）。

実はこの島では一九九八年にも八四万年前にさかのぼる地層から粗雑な石器が発見され、原人類がジャワ島（一八九一年にジャワ原人が発見されている）とこのフローレス島を隔てる海を渡っていたらしいことがわかって注目されていた。おそらく船もないはずの時代にどうやって渡ったのか、たまたま何らかの事故で漂着したにしても、彼ら原人類がその後

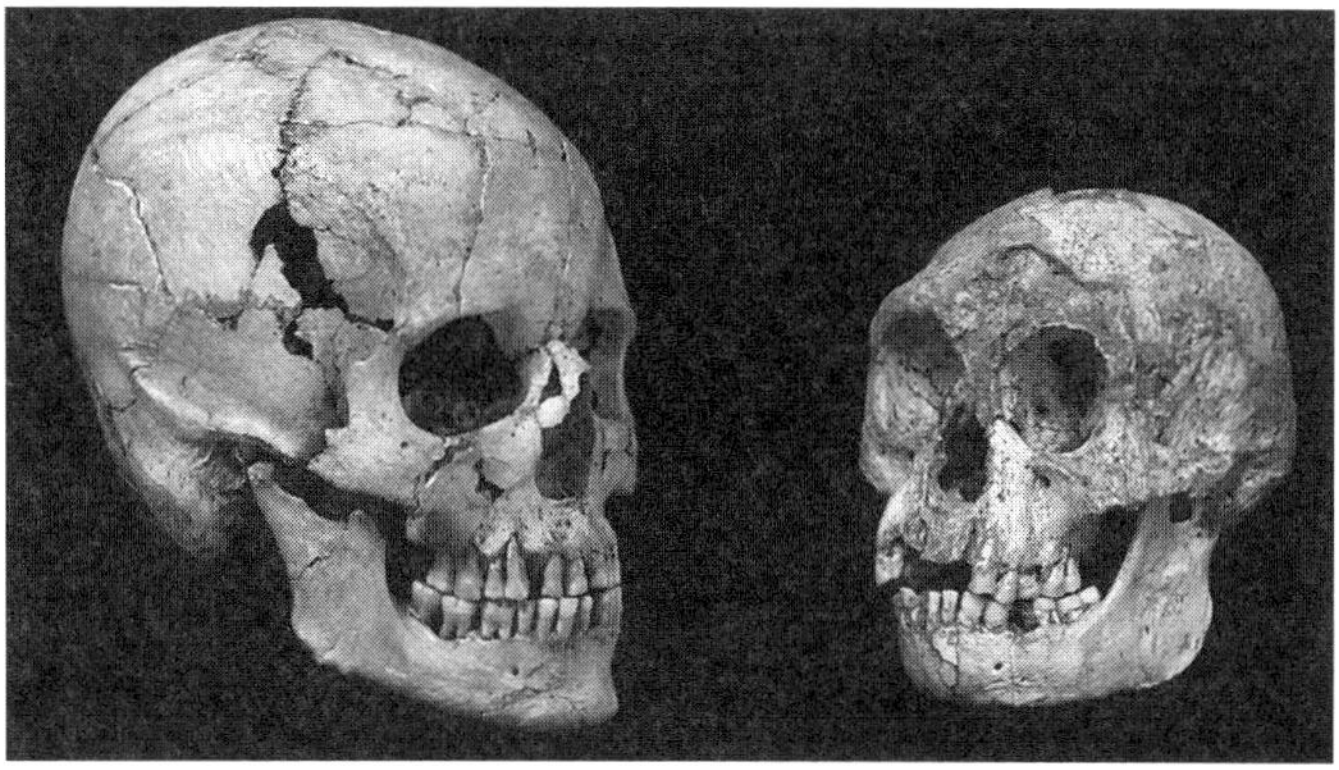

図4　ホモ・フロレシエンシス（左は縄文人頭蓋）（海部陽介提供）

も長くこの島で生き延び、そしてその進化の行き着いた先が今回発見の小型人類ということなのだろうか。石器については、その後の詳しい研究によって、アフリカのオルドワン型（礫器とも呼ばれる最古期の石器タイプ）に似た古い技法が使われていた可能性が示されたが、それにしても、なにしろ化石の脳サイズはそのアフリカの原人類の半分にも満たないのである。この島ではなぜか人類の脳をどんどん小さくしながら、その一方で石器だけは古い技法ながらも時には後期旧石器と遜色《そんしょく》ないほどの精巧なものを作れるようになったというのだろうか。

この新発見については世界中から様々な意見が寄せられたが、なぜこんな小型になったのかという点については、いわゆる「島嶼《とうしょ》化」の帰結とする意見が多い。狭くて限られた資源しかない、しかも大型の捕食獣がいないような島に住む動物では、身体サイズを縮小して生き延びるような現象が各地で知られており、実際にこの島では彼らが狩っていたステゴドン象もひどく小型化しているという。脳は確かに維持するのに高負担を強いられる臓器ではあるが（現代人の脳は体重の二〜三%なのに、酸素消費量は二〇〜三〇%に達する）、それにしても、ここまで小さくする必要があるのだろうか。身体を縮小する必要があるほど食糧資源に限りがあるのなら、そこで生き延びるための創意工夫、つまりはそれなりの知能も要求されるはずではなかろうか。

一般的に脳のサイズについては、相対脳重という捉え方がある。要するに動物は身体が大きくなればそれに連れて脳も大きくなる傾向があり、例えば象などは人よりずっと大きな脳を持っている。ただ、現代人はそうした通常の脳重／体重の比率より遥かに大きな脳をもっていることで特異な存在になっているわけだが、このホモ・フロレシエンシスは、逆にその小さな体格から想定される以上に脳が小さくなっているのである。

当初、一般的な認識として、島嶼化では脳だけは身体の縮小率ほどには小さくならないとされていたため、この異常な程の脳の縮小を何らかの病変に因るものではと疑う意見の一つの根拠になっていた。しかし、その後の調査で、マダガスカル島のカバやマジョルカ島のヒツジ等は身体の縮小率以上に脳が小さくなっていることが明らかになり、島嶼化説を後押しする結果となった。さらに調査チームはCTを用いた頭蓋内腔の形態分析から、この化石は小さいながらも前頭葉や側頭葉に発達が見られ、小頭症のような病変ではないという結果も発表している。

このホモ・フロレシエンシスの不可思議さは、しかし脳サイズの問題だけではない。体の骨にも奇妙な特徴の混在が見られた。例えば身長は一メートル程度なのに、足のサイズがなんと二〇センチもあるのだ。大腿骨《だいたいこつ》長との比率でいうと七〇％にもなり（現代人は五五％程度）、ほとんどチンパンジーに近い。一応、足の親指は前を向いているが（チンパンジーなどは、内側を向いて枝などをつかみやすくなっている）、他の指に比べてひどく短く、現代人には必須の土踏まずの発達もはっきりしない。こんな足で彼らは日常、どんな活動をしていたのだろうか。現代人並みの走力を持っていたとは考えにくいのだが、それでも小型の象くらいは狩ることができたらしい。また、手首の骨にも類人猿的な原始的特徴が確認され、鎖骨や骨盤の形も現代人とはかなり異なっていた。その一方で例えば頭骨は小さいのだが、鼻の形（類人猿に比べるとかなり狭い）や眉弓《びきゅう》部の発達具合など（突出がかなり弱い）はホモ属に近い。全体的にこうした新旧の諸特徴のモザイク状態になっていることから、ホモ・フロレシエンシスは当初いわれていたようなホモ・エレクトスの子孫ではなく、もっと前のホモ・ハビリスとつなげるべきで、右記の脱アフリカを達成したのも、このホモ・ハビリスだったのではという見解すら出されている。しかし、そうなると、なぜこのフローレス島でしかその子孫が見つからないのか疑問だし、同時にこのような原始的な特徴の混在はまた、この個体を脳や体が正常に発達しない病変個体だとする見解への反論にもなっている。病気によって猿人のような骨の特徴が出る例は知られていないからだ。

この島では以前から島民の間でエブ・ゴゴという森に住む小人伝説が伝えられていたという。あるいは化石の示す年代（一万八〇〇〇年前）を超えて近年まですぐ隣の森の中にこのような人類が生き延びていたのだろうか。今のところどのような解釈が妥当なのか戸惑うばかりだが、大方の見解のようにこれが単なる病変ではないのなら、自然の創意にはまだまだ何とも理解の及ばないところがあるというしかない。

東アジアへの道

話が少しずれてしまったが、二〇〇万年前にも迫ろうというドマニシでの人類化石発見は、東アジアの人類史についての従来の考えに大きな修正を迫ることになった。もちろん、ヨーロッパも例外ではないだろう。いずれの地域でもまだ明確に一〇〇万年を超える化石や石器の存在が確認された訳ではないが、その発見もあるいは時間の問題かもしれない。上記のように少なくとも東アジアでは以前から中国の化石（例えば雲南省《うんなんしょう》の元謀原人《げんぼうげんじん》など）や石器（例えば河北省《かほくしょう》の馬圏溝《ばけんこう》遺跡など）に更新世前半にさかのぼる古い年代が与えられて議論を呼んできたし、ジャワでもモジョケルトのようにドマニシに近い年代値の是非について今も検討が続けられている。ドマニシがあるからといってそうした古い年代値に安易に飛びつく訳にはいかないだろうが、今後は既定概念を取り払ったより柔軟で慎重な検証が求められることになろう。

同時にまた、ドマニシの存在は東アジアへの拡散ルートについても見直しの必要性を示唆している。以前は砂漠や寒冷気候など条件の厳しいヒマラヤの北をめぐるルートを想定する意見は少なく、ジャワ原人の存在もあって、低緯度の故郷のアフリカにも近い大陸南岸沿いのルートが有力視されてきた。しかし、北京よりもなお北に位置するドマニシの存在を考えれば、こうした想定もいったんは白紙に戻したほうが賢明だろう。もちろん、長い年月の間にはかなりの気候変動があるので緯度だけで判断する訳にはいかないが、実は以前から遺伝学者らによってこのヒマラヤの北回りの拡散ルートが盛んに提唱されていた。ただしその多くはずっと後の時代の、せいぜい五〜一〇万年前ごろに起きたとされるアフリカ起源の新人の拡散ルートとしての話である。現代の東アジアに住む人々の遺伝子を調べていくと南北でかなりの違いがあり、しかも北方アジア人が南の集団から派生して北上したとは考えがたいので、ヒマラヤの北回りで別の集団が東アジアに来たのではないかというのである。最近の核ＤＮＡ分析によって、改めてアジア南部から北方への拡散を示唆する結果が寄せられ、こうした従来の見解の一部は見直しを迫られているが、いずれにしろそれは北方ルートが存在した可能性を否定するものではなく、いわばドマニシの化石発見は、より古い時代の北回りの拡散に道を開いたといえなくもない。将来、更新世前半にまでさかのぼる石器や化石が中央アジアや大陸の北半部で発見されても不思議ではなかろう。

何の具体的な遺物もない時点でこうした推論を重ねても無意味と思われるかもしれないが、実験や数式で検証できるような分野とは違って、この人類学や先史学では、研究者がどのような認識をもって事に当たるかで、その結果が大きな影響を受けることが多い。また、フローレス島やドマニシの例を持ち出すまでもなく、人類の適応能力、移動性等に関する各時代の研究者たちの認識は、繰り返し新たな発見によって覆されてきた。誤った固定観念によって見えるべきものが見えず、正当な見解を封殺しては結局袋小路にはまりこんでしまうようなことを、われわれはこれまで何度繰り返してきたことか。推論はあくまでも推論にすぎず、その推論の枠組みも結局はその時点で得られる情報に規定されてしまうのはある程度仕方がないことなのだろうが、せめて思考の間口をできるだけ緩やかに広げて様々な可能性に思いを至らせ、時には既存の枠組みを超えた発想も加えて調査、分析に当たることが肝要だろう。まさに、言うは安しではあるが……。

ユーラシアの北へ

ともあれ、拡散ルートが北であろうと南であろうと、少なくとも五〇〜六〇万年前には北緯四〇度の北京郊外あたりまで人類の分布域が北上していたことは間違いない。しかしそれより北の寒冷地への適応にはかなり手間取ったらしく、現在のシベリアやそれに近い地域で人類の確かな痕跡が発見されだすのは更新世後期（約一三万年前以降）になってからのことである。

ただし、中には一九八二年に北極海へと注ぐレナ川左岸の北緯六一度付近で発見されたディリング・ユリャフ遺跡のように、原始的な礫器《れっき》を思わせる石器群が出土して、当初は一〇〇万年を上回る年代値が付けられたような例もある。発掘者のモチャーノフは、アフリカのオルドヴァイ文化に並ぶ最古の石器文化だとして、人類多元説まで唱えた。さすがにこの説に賛同する声は聞こえてこないし、この遺跡の名前すら既に忘れ去られたようなものだが、しかし当時、石器形態は確かにかなり古いとする専門家の意見が出され、三〇〜四〇万年前くらいまではさかのぼる可能性が指摘されたりしていた。あるいは間氷期の一時期、獲物を追って北上した原人たちがいたのだろうか。そうしたおそらく最古の酷寒の地への果敢な挑戦者たちの姿を想像することは楽しいが、今のところ他には類似の遺跡の広がりが見られないことを考えると、仮にそのような一群がいたとしても長くは持ちこたえられずにやがて南方への撤退を余儀なくされたか、あるいは子孫を増やすことができずに北の荒野に消えていった公算が高い。

間氷期の現代でさえ、シベリアの冬は零下三〇度、四〇度の世界である。猛烈な地吹雪に襲われる日も少なくなく、当然そうした寒冷地を生活の舞台とするには、寒さや烈風から身を守るように工夫された衣服や住処、それに火の管理が欠かせない。長い冬を越すための食料の貯蔵技術も要求されるだろうし、もちろん辺りに生息する動物を的確にしとめる狩猟技術や用具の改良がなければ生存はおぼつかないだろう。一般的に緯度が高くなればなるほど植物性の食料は乏しくなるので、より強く動物資源に頼らざるを得なくなるからである。

人類はしかし、そもそもなぜこんな厳しい環境下に自らを追いやったのだろうか。他にもっと住みやすい温暖な地域が無かったわけでもないだろうに、なぜわざわざ北方の厳寒の地へと進出していったのだろうか。おそらくその主な誘因になったと考えられるのは、シベリアなど北の大地が豊かな動物資源の狩り場だったということである。かつては巨大なマンモスがツンドラ地帯を闊歩《かっぽ》していたし、他にもバイソンやケサイ、ジャコウウシ、トナカイ、ウマ、ロバ、あるいはウサギやキツネなど様々な大型・小型の獣が行き交う、ハンターたちにとってはまさに恵みの大地でもあった。銃のない時代にあんな巨大なマンモスをどうやって、と思うかもしれないが、実際にウクライナのメジリチ遺跡（約一万八〇〇〇年前）では多数のマンモスの頭や顎骨《がくこつ》で作られた住居が発見され、少なくとも後期旧石器時代の人たちは、この巨獣を確実にしとめる技を体得していたことが明らかになっている。

おそらくそうしたハンターの先駆けともいえる例として、シベリア南部、北緯五〇度付近のアルタイ山嶺で、ヨーロッパのネアンデルタール人が使ったものと同じムスティエ型の石器を伴う遺跡が発見されている。人類化石もまた、ウズベキスタンのテシク・タシュで発見された小児化石が著名だが、二〇〇七年、さらに東のオクラドニコフ記念洞窟で発見された人骨片がDNA分析によってネアンデルタールのものであった可能性が明らかにされ、少なくとも彼らが現在のモンゴル西部や中国領（新疆《しんきょう》ウイグル自治区）近くまでやって来ていたことを示している。

近年、ウラル山脈の西に広がるロシア平原でも、マーモントヴァヤ・クーリャ遺跡のように四万年余り前までさかのぼる時代にすでに北緯六五度近辺まで北上していたことを示す遺跡が発見された。この遺跡の主がネアンデルタールのような旧人なのか、それともわれわれと同じ新人なのかはまだ確認されていないようだが、いずれにしろ今から遅くとも四〜五万年前くらいになると、長く人類を寄せ付けなかった北方域が、卓越した狩猟技術を体得しつつあった人々を強力な誘因力で引き寄せ始めていた状況がうかがえよう。

ウラル山脈の東に広がるシベリアでは、より厳しい気候が災いしたのか、まだこのような古い時期の遺跡は発見されていない。東西約七〇〇〇キロに及ぶこの広大な領域は、特にその内陸部において季節による気温差が甚だしく、夏には二〇度近くまで上がるかと思えば冬は零下四〇度以下になる地域も珍しくない。つまり、年間六〇度以上も気温が変化するわけであり、文明の発達した現代ですらそうした環境下での生活は容易ではない。人類はしかし、遅くとも後期旧石器時代になるとこうした厳しい自然への適応も果たしたようで、バイカル湖に近いマリタ遺跡（二万八〇〇〇年前）やアフォントヴァ・ガラ遺跡（二万四〇〇〇年前）からは断片的ながら人骨も出土している。しかも、扁平《へんぺい》な顔面や上顎の歯にシャベル状切歯《せっし》の特徴が指摘されたりして、現在の北東アジア人に見られる特徴の萌芽が既にこの時代に形成されつつあったとする意見もある。

まだ資料が少なすぎて当時のシベリアの住人像を復元するのは難しいが、注目されるのは、このころになるとようやく大陸北方域と日本列島とのつながりが見え始める点である。およそ二万年余り前、バイカル湖周辺で細石刃《さいせきじん》と呼ばれる小さく鋭利に打ち欠いた石器を骨や木片に埋め込んで武器にする技術が開発され、やがてそれが北の樺太《からふと》経由、あるいは朝鮮半島経由で日本列島にも流入し始めるのである。この、幅数《ミリ》の小さな石刃を替え刃のように取り替えながら使う利器は威力と利便性に優れ、しかも少量の石材で済む利点を兼ね備えた画期的な道具であった。後にはベーリング海峡を越えてアラスカまで達しており、広く大陸北方の人々にとっては生活必需品の一つになっていったのだろう。石器文化の移動が必ずしも人の移動を意味する訳でもないだろうが、少なくとも北海道まではマンモスが入っていることを考えれば、氷河期の陸続きになっていた時代にシベリアのハンターたちが日本列島の北端まで流入していた可能性は十分考えられよう。

とはいっても、北海道はもとより大陸の極東地域でも後期旧石器を出す遺跡はあってもその道具を作り使っていた人類の化石は皆無であり、更新世末期の極東域をどのような人々が行き交っていたのか、依然として謎のままである。果たして前述のアフォントヴァ・ガラ遺跡の人骨で示唆されたような、のっぺり顔の北方モンゴロイド的特徴を持った人々がすでに極東にも分布していたのだろうか。

ケネウイック・マンの謎

話はしかしそう簡単ではなさそうだ。というのも、もしそうなら、少なくとも北海道の縄文人にはそうした形質が少しくらい伝わっていてもよさそうだが、後述のようにこれまでのところ例えば北端の礼文島《れぶんとう》・船泊《ふなどまり》遺跡で発見された縄文人骨を見ても、本州域の縄文人に類似する特徴が指摘されただけで、北方モンゴロイドを特徴づける面長でのっぺり顔の、例えば後述する北部九州弥生人に似た形質は見当たらない。北海道にそうした扁平顔の人々の流入が確認されるのは、五世紀以降に稚内《わっかない》から根室《ねむろ》辺りにかけて分布したオホーツク文化人の時代まで待たねばならない。近年、篠田謙一・安達登のミトコンドリアDNA分析によって、北海道の縄文人が対岸のアムール川下流域の先住民と共通要素をもつことが明らかにされた。示唆に富む結果だが、やはり分析された大陸側の資料が現代人であるため、まだ見えない部分が多く、まさに隔靴掻痒《かっかそうよう》の感がある。

ただ、この問題に絡んで二〇年近く前に北米で発見された一体の古人骨が注目すべき情報を提示している。永らく無人の大陸であったアメリカには、更新世末期のおよそ一万五〇〇〇年前ごろにアジア北端からベーリンジア（氷河期にベーリング海峡が陸化してできた地域名）を渡って初めて人が流入したというのが現在の有力な考えだが、最近発見された初期先住民（パレオ・インディアンと呼ばれることが多い）の遺骨が、現在のシベリアや北米先住民とは異なって、より彫りの深い、一見したところヨーロッパ人や、さらには日本のアイヌや縄文人にも似た特徴を持っていると指摘されたのである（図5）。

一般に「ケネウイックマン」と呼ばれるこの人骨は、一九九六年七月、北米西海岸のワシントン州、コロンビア河流域で発見された。身長が約一七五チセンに達する四〇～五〇代の男性の遺骨で、肋骨《ろっこつ》が折れ、尻には鋭い石鏃《せきぞく》が刺さっているところをみると、どうやら戦いで命を落としたものらしい。しかしそれよりも注目されたのは、人骨の年代が今から九二〇〇年くらい前の、これまで北米で発見された人骨の中では最古級のものであること、そして何よりも骨の特徴が前述のように一見「コーカソイド」に似ていたということである（図5）。もし本当なら、アメリカ大陸の先住民はアジア起源という定説も危うくなっ

図5　ケネウイックマン頭骨とその復顔（Smithsonian National Museum）

てしまうだろう。このニュースに白人優越主義者たちは喜んで飛びついたし、バイキングの子孫を自称する人々によって作られたアサトル民族会（コロンブスより前にバイキングが北米に到達していたのは事実のようだが）は、化石を前に北欧の守護神オーディンを祭る儀式を執り行ったという。さらにはアメリカの先住民団体が、この骨はわれわれの先祖のものだと主張として返還、再埋葬を求め、裁判沙汰にまでなったものだからますます世間の注目を浴びる結果となった。

少し話がずれるが、アメリカでは以前から過去に発掘された先住民の人骨返還要求が出され、人権擁護団体の動きも重なって、人類学や考古学分野の研究に深刻な影響を与え続けてきた。コロンブスの時代から現代に至るまで、アメリカ先住民たちが受け続けてきた迫害、差別の歴史を考えれば、彼らのこうした主張が強まるのも当然の成り行きかもしれない。もちろんこれはアメリカに限った話ではなく、似たような問題はオーストラリアのアボリジニについても起きているし、日本でもアイヌの問題がある。自分たちの先祖の墓を勝手に暴かれたとする彼らの憤りを簡単に払拭できるわけもなく、例え純粋な学術研究であっても、いわば負の遺産を抱え込んでより先鋭化した人権意識との両立を図ることは容易ではない。しかしまた、どの様な集団であれ、そのルーツや歴史的な生い立ちをたどり、先祖たちの生活ぶりなどに思いを馳せることは彼ら自身にとっても決して無意義ではないはずで、人類学や考古学分野のそうした研究を全て否定するのも問題だろう。アメリカではすでに先住民研究はほとんどできなくなっているが、この動きがどこまで、どの様に波及するか、いずれにしろ、今後の研究のあり方として、それがどれほど未開で孤立した人々であれ、彼らの人権を無視し、その先祖を想い敬う気持ちを踏みにじるような行為を正当化できる「研究」などあり得ないことは肝に銘じておくべきだろう。

ともあれ、このケネウイックマン問題では二〇〇六年に新たな裁定が出され、厳しい制限付きながら何とか研究だけはできることになった。あるいは発見された人骨がその返還を求める先住民たちに似ていないという研究結果が少し影響したのだろうか。本当に先祖かどうかわからないという訳だが、当初試みられた遺伝子分析はうまくいかず、その後の技術の進歩によって今なら何らかの決め手になる遺伝子情報が得られるはずだと主張する研究者もいるが、強い返還要求が出されている状況では骨の破壊を伴うそうした分析は容易に実現できそうにない。あとは非破壊の形態学的な分析に頼らざるを得ないのだが、その後のミシガン大学のブレイスや瀬口典子らによる検討結果によると、人骨の特徴はやはりアメリカ先住民との大きな隔たりを示した。これまで既に返還され、再埋葬された他の先住民の骨の帰属問題では、主にこうした形態分析が拠り所にされてきた経緯もあるので、先住民側もこの結果を無視してことを進めるわけにはいかないだろうが、ただ厳密には、比較対照にされた先住民サンプルに比べてケネウイックマンはあまりにも古すぎるので、簡単にそのつながりが見て取れないのは当然かもしれない。できれば両者の数千年の時代的な空白を埋める資料を揃えた上で形態の時代変化を追跡し、本当につながりがないかどうか検討する必要もあるのだが、現状ではしかし、それはない物ねだりにしかなるまい。

いずれにしろ、ここで注目したいのは、この分析の中で、ケネウイックマンが当初いわれていたヨーロッパ人よりもむしろ日本のアイヌや縄文人、それに南太平洋のポリネシアの人々に近いとされたことである。いずれも彫りの深い立体的な顔貌《がんぼう》の持ち主ということで共通する人たちである。後述のように、アイヌは縄文人の血を最も色濃く受け継いだ人々と考えられ、初期のアメリカ先住民がそのアイヌや縄文人に近い特徴を示すということは、とりもなおさず、彼らの原郷である極東地域の更新世末期には、新石器時代以降に確認されるのっぺり顔の北方モンゴロイドとも呼ばれる人々ではなく、縄文人のような彫りの深い、古モンゴロイドとでも呼ぶべき人々が分布していた可能性を示唆しているように思える。そう考えれば、北海道の縄文人に、当時すでに隣の沿海州に分布していたはずの扁平顔の人々の影響がほとんど見て取れない事実とも矛盾しないのだが、果たしてどうだろうか。近年、東京大学の徳永勝士らによるＨＬＡ遺伝子群（人の免疫機能に関係して自己と非自己の識別などにも重要な働きをしており、極めて多型性が強く、集団間の遺伝的類縁を探るための有力な遺伝子群と見なされている）の多型解析でも、アイヌと南米の先住民（北米先住民の一部とも）とのつながりが示唆される結果が報告されている。ケネウイックマンがアメリカ先住民の祖先の一員ならば、アイヌとの形態的な類似性を指摘した右記の結果はこのＨＬＡ分析の結果とも符合することになろう。旧石器時代の昔、東アジア北方において縄文人とアメリカ先住民の祖先集団が近縁であったと想定することは、まんざら荒《こう》唐《とう》無《む》稽《けい》なことではあるまい。

わずか一体の人骨に寄りかかり過ぎた議論は危険であり、現状ではこれ以上想像をたくましくしてもあまり意味がないだろう。ただ、ケネウイックマンの発見は、日本列島の人の成り立ちが、太平洋の向こうの一見無縁とも思えるアメリカ大陸の先住民問題とも直結していることを改めてわれわれに教えてくれた。われわれ日本人が江戸時代以来、長年に渡って自らの生い立ちにまつわる謎を追究しているように、世界のどこの民族も各々のルーツ捜しには共通した関心をもって様々な研究を重ねている。いずれアメリカ先住民の歴史がより詳しく解明されれば、それは日本列島の初期の住民に関する謎の解明にもつながるだろう。今後の研究進展が大いに待たれるところである。

南島の旧石器時代人

ここでまた、列島へのもう一つの流入口になった可能性のある南方に目を転じてみよう。現在の地図でも例えば台湾と本州域の間には小さな島が連なっているし、さらに氷河期にはこの広大な東シナ海のかなりの部分が陸化したと考えられており、更新世までさかのぼって周辺域と日本列島との人の交流を考える場合にはやはり見逃せない重要な地域となる。

ほとんど白紙に近いようなアジア北方の状況とは違って、南島各地ではいくつか更新世の化石人類が発見されており、表1に示したように断片的なものを含めれば沖縄県だけで九遺跡にのぼる。とりわけ、二〇一〇年（平成二十二）二月、南端に近い石垣島《いしがきじま》から新たに二万年前の人類化石が発見されたことが大きなニュースになって全国に流れた。先島《さきしま》諸島のほぼ中心に位置するこの島では、大型航空機が発着できるように二〇〇六年から新空

表１　日本列島の旧石器時代人骨

遺　跡	地　域	部　位	年　代
浜北（下層）	静岡県	脛骨片	更新世後期
港川	沖縄県	全身骨格（５〜９体分）	約18,000年前
カタ原洞穴	沖縄県	頭骨片	更新世後期？
大山洞穴	沖縄県	下顎骨片	更新世後期？
桃原洞穴	沖縄県	頭蓋片	更新世後期？
山下町第一洞穴	沖縄県	７歳児の大腿骨・脛骨	約32,000年前
サキタリ洞	沖縄県	歯（２），足根骨	12,000〜18,000年前
ピンザアブ	沖縄県	頭骨，脊椎骨，手骨	約25,000年前
下地原洞穴	沖縄県	乳幼児の全身骨	15,000〜20,000年前
白保竿根田原洞穴	沖縄県	全身骨片（10個体以上？）	15,000〜25,000年前

港建設の工事が始まっていたのだが、二〇〇七年十二月、滑走路の計画地に近い洞穴跡（白《しら》保《ほ》竿《さお》根《ね》田原《たばる》洞穴《どうけつ》）から、多数の動物骨と共に人骨片が見つかったのである（図６）。発見者は沖縄鍾乳洞協会の山内平三郎で、以前からこの洞穴の重要性を指摘していた人物である。工事によってどんどん壊されていく洞穴を目の当たりにして危機感を覚えた同氏が、洞穴内から掘り出された土砂に貴重な遺物が入っているのではないかと古生物研究者の協力を得て精査した結果、九片の人骨の存在が明らかになった。それらを琉球大学や東京大学の専門家が調べた結果、この内の三片がそれぞれ、約二万年前、一万八〇〇〇年前、一万五〇〇〇年前のものだったことが分かった。この年代値は、米田穣らがＡＭＳ法（加速器質量分析計を使った炭素年代測定法）を用いて骨から直接求めたものであり、多少の誤差はあってもこれ

図6　白保竿根田原遺跡（石垣島）と頭骨（下図の右壁際）と大腿骨（下図の中央）の出土状況（沖縄県立埋蔵文化財センター資料）

らが更新世にさかのぼる人類化石であることに疑問を挟む余地はほとんどない。

今回の石垣島での発見は、日本列島の南の島々に、確かに更新世の時代から人類が居住していたことを決定づけることになった。というのも、これまで沖縄からは表1にあげたようなかなりの数の化石人骨が報告されていながら、実はそれらに対して疑惑の目を向けたり、更新世人類の存在そのものを否定する意見が後を絶たない状況が続いていたのである。わが国の代表的な人類化石となっている港川人《みなとがわじん》についても例外ではなかった。

港川人

港川人は、一九六八年（昭和四十三）、沖縄本島南端の港川採石場で大山盛保によって発見された人類化石である。非常に保存が良く、これまで日本列島の更新世人類に関する唯一ともいえる貴重な情報源になってきた。この港川からは五～九体分の化石が発見されているが、図7に示したのは、最も保存の良い約一万八〇〇〇年前とされる一号男性人骨である。

この人骨の特徴としては、例えばこめかみの部分が深く抉《えぐ》られているために額の左右幅が狭く、その割りには頬骨《ほおぼね》が強く横に張り出して、かなり低・広顔傾向が目立つ点が上げられる。この、額が狭いのも頬骨が横に張り出すのも、いずれも側頭筋《そくとうきん》という、下顎を吊り上げる咀嚼筋《そしゃくきん》の発達が良いことと関係しており、実際にかなり顎を酷使したため残っている歯のほとんどが根元近くまですり減っている。また、眼窩《がんか》も低くて横に広く、眉間《みけん》はよく発達してその下の鼻根部《びこん》が深く落ち込み、鼻骨《びこつ》の湾曲も強くて鼻筋が通っているのでかなり彫りの深い顔立ちになっている。さらにまた非常な低身長も目立った特徴になっており、一号男性は一五三チセン（女性三体も一四〇〜一四五チセン）しかない。今のところこのような低身長の人々は、日本列島では種子島の広田《ひろた》遺跡（後述）から出土した弥生〜古墳時代の人骨でしか確認できない。現在でも沖縄では背の低い人が多いが、その根はあるいはこの辺りにあるのだろうか。

港川人を最初に報告した鈴木尚は、その特徴が縄文人とよく似ていることを指摘する一方で、中国南部の柳江人《りゅうこうじん》がやはり低顔、低身長といった特徴を共有することに注目し、

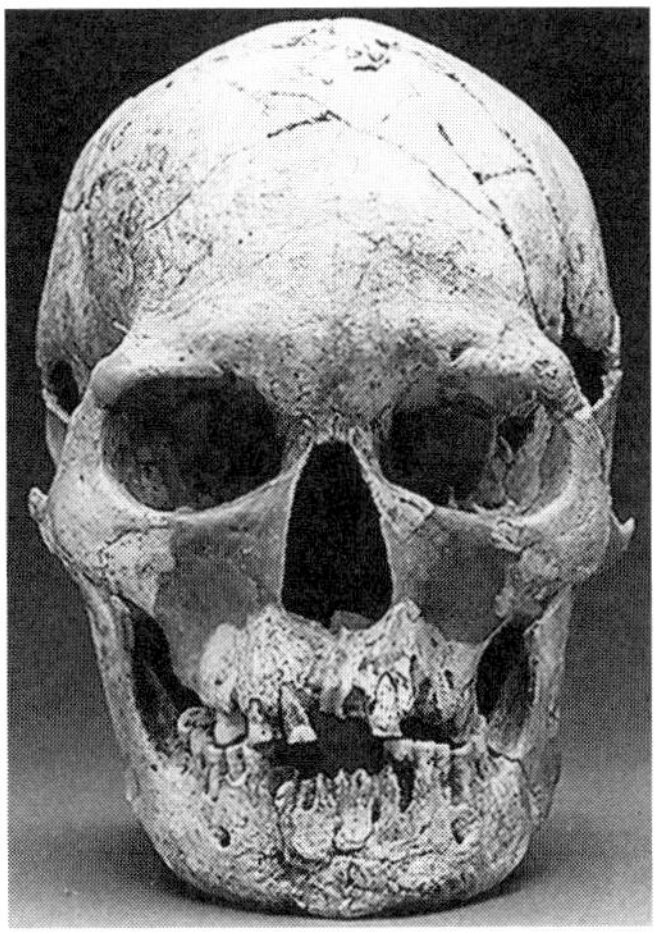

図7　港川人・1号頭蓋（東京大学総合研究博物館所蔵）

更新世に大陸南方から陸化した東シナ海経由で縄文人の祖先たちが日本列島に流入したのではないかと考えた。しかし、その後港川人を再分析した馬場悠男は、頭蓋形態で見る限り確かに縄文人とは類似性が認められるが、柳江人とはさほど似ておらず、むしろより南のジャワのワジャク人（約一万年前?）やオーストラ

リアのキーロー人（約一万二〇〇〇年前）と似た点が多いことを指摘した。つまり、大陸南部というよりは東南アジアの島々やオーストラリアを含む地域にかつて広く分布していた南アジアの古層集団にその起源を求める考えである。さらに近年、港川人の下顎骨の復元に歪《ゆが》みがあることを見いだした海部陽介らは、新たによりほっそりした顎を持つ顔立ちを復元し、その上で改めて港川人と縄文人の間にはかなりの相違点があること、それよりも現在のオーストラリア先住民やニューギニア集団（オーストラロ・メラネシアン）に近いことを指摘して、縄文人と港川人を結びつける従来の見解に見直しを迫っている。

今のところこのように各分析結果が錯綜《さくそう》しており、港川人のルーツや本土集団との関係など、その正確な位置づけはなかなか難しい状況が続いている。もともと地理的な関係から見ても港川人で日本の更新世人類を代表させるのは危険だろうし、動植物資源に限りのある狭い島嶼《とうしょ》環境がそこに住む人に与えた影響等も考えれば、本土集団との比較結果の解釈も慎重にならざるを得ない。CT技術等を使って下顎形態の歪みが修整できたことは一歩前進だが、しかしこの部分が食生活の影響を特に強く受けることを考慮すれば、その差異を基にした系統論には自ずと限界がある。ただ、鈴木や馬場が指摘するような、頭蓋形態において後世の本土に広く分布した縄文人と港川人の間にある程度共通点が認められること、そしてまたその港川人がさらに南の大陸沿岸部や東南アジアの更新世人類につながりそうだということは、日本列島の最古段階の人類史を考える上で貴重な情報となろう。

もちろんこれは、前述のように大陸北半の資料がほとんどゼロに近い状況下での、いわば留保付きの結果であることを忘れてはならない。また、議論の組み立てとしては、港川人と後世の縄文人を比較する前に、同じ更新世の本土の化石と比較できればより確かな議論ができるのだろうが、残念ながら表1に示したように、本州域では年代の確かな資料としてはわずかに静岡県浜北の根堅遺跡から頭蓋や四肢の破片が出土しているだけで、ほとんど白紙に近い状態が続いている。通常、表1のような化石リストは調査が進むにつれてより充実していくものだが、わが国ではなぜか逆に厳密な年代測定が進むにつれて、かつては化石リストに名を連ねていた牛川《うしかわ》や三ヶ日《みっかび》、葛生《くずう》などが相次いで脱落していき、ひどくお寒い状況になってしまった。その年代測定をほとんど一手に引き受けてきたお茶の水女子大学の松浦秀治は、先人の業績を次々と否定する結果になってしまって、つくづく因果な商売だと嘆いていたが、しかし、いうまでもなく化石の正確な年代は全ての議論の重要な土台になる部分である。負の遺産を一人で背負い込むことになった同氏にはお気の毒というほかないが、年代の間違った化石を比較していたのでは議論が混乱するだけであり、その見直し作業の意義は大きい。

こうした化石の年代問題について、前述のように港川人にもまた、あれこれ疑惑の目が向けられてきた。先に港川人を一万八〇〇〇年前のものと紹介したが、この年代値は骨から直接測定した結果ではなく、港川人が発見された同じフィッシャー（岩の裂け目）から出土した木炭片を炭素年代測定にかけたものである。しかし、その木炭片と人類化石が同時代かどうか厳密に確認されているわけではなく、おまけに沖縄からは長く旧石器が発見されていなかったこともあって、その年代を危ぶむ声が根強くあったのである。現在では微量の骨からコラーゲンというタンパク質を抽出して、その中の炭素をＡＭＳと呼ばれる加速器質量分析にかける方法が普及しているのだが、残念ながら港川の化石には炭素を含むコラーゲンがほとんど残っておらず、この最新のテクニックも使いようがないのだという。ただし、松浦らは一緒に出土した多数のイノシシや絶滅種のシカの化石も用いて、その中に含まれるフッ素や微量成分元素に関する精密な分析を実施し、人骨が更新世にさかのぼることはほぼ間違いないことを確認している。これらは絶対年代を出す方法ではなく相対的な古さを割り出す手法だが、人骨には絶滅種のシカ（完新世《かんしんせい》には死に絶えていた）と同程度のフッ素などが含まれていたことから、こうした結論を導き出したのである。

南島での新たな展開

今回の石垣島での新発見は、この南の島々に更新世の昔から人が居住していたことを決定づけ、港川人を旧石器時代の人類化石と見なす見解の強力な援護射撃ともなった。さらに、二〇一四年（平成二十六）の年明け早々、

図8　沖縄サキタリ洞穴（上）出土の旧石器（中）・貝器（下）（沖縄県立博物館・美術館提供）

こうした議論に一石を投ずる新発見の報が新聞紙上を賑わした。沖縄県立博物館・美術館の調査チームが二〇〇九年から発掘を続けていた本島南部の、港川にも近いサキタリ洞遺跡から、約二万年前の貝製道具（貝器《ばいき》）が人骨片（歯と足骨）と一緒に出土したというのだ（図8）。貝器に使われていたのはアサリやハマグリの仲間の二枚貝で、大きさが二、三センチの扇形に割られて、その短辺の縁が鋭利に研がれていた。これで何か物を切ったり削ったりしたらしい使用痕も確認され、さらに他にもツノガイを使ったビーズ状の装飾品も発見された。

実はこのサキタリ洞遺跡では、以前にも沖縄では最古の、しかもこれまで資料空白期だった約九〇〇〇年前までさかのぼる土器（押引文《おしびきもん》）が発見され、さらにその後、約一万四〇〇〇年前の石英で造られた石器三点が人骨片と共に発見されて大きな注目を集めていた（図8）。特に石英製の石器は、これまで沖縄では確認されていなかった旧石器の存在を始めて明らかにしたものであり、その発見の意義は大きい。先に紹介したような、港川人を旧石器人類とする見解への疑義は、これまでの長年にわたる発掘にもかかわらず沖縄では旧石器が発見されていなかったことが大きく作用していた。世界のどこでも、人類化石が見つかればほぼ例外なく道具類も近くから見つかるものだが、なぜか沖縄では旧石器が見つからず、おまけに前述のように港川人の所属年代が決定打を欠いていたため、もっと新しい完新世の人骨ではないかという疑いをどうしても払拭できないでいたのである。

ここで発見された石英製の石器というのは、人の手によって加工された「石器」か、いわゆる偽石器（自然石）なのか、その見極めが専門家でも難しい石である。先に紹介したフランス・アラゴ洞窟で発掘を続けているアンリ・ド・ルムレー教授も、洞窟内の堆積層からごろごろ出てくる石英片を最初は石器とわからず、その確認にひどく手間取ったという話をしてくれたことがある。もともと沖縄島では石英は北部や中部にしか無く、この南部の洞窟で見つかったこと自体、人がわざわざ持ち込んだ道具（つまり石器）以外には考えにくいことを示しているが、沖縄県立博物館の山崎真治らはさらに石英片を使って実際に石器を作る実験を繰り返し、遺跡出土の石英にも打撃が加えられた加工痕があることを確認したのである。それでも疑い深い人からは、自然に石どうしがぶつかったものではと危ぶむ声もあったようだが、今回の貝器の発見は、沖縄にも旧石器時代にさかのぼる道具が確かに存在したことを明示し、ひいては港川人をはじめとする琉球列島の旧石器人類の存在を決定づけたといえよう。貝の道具が使われていたということは、沖縄の暖かい海に囲まれた環境を考えると至極当然ともいえる生活の知恵だったのだろうが、ひょっとするとこれまでなかなか旧石器が見つからなかったことも、こうした貝製道具を駆使した当地特有の生活形態が原因だったのかもしれない。

ともあれ、近年のこうした琉球列島を舞台とする研究の進展によって、日本列島南端部の旧石器人類については格段に多くの資料が集まりつつあるが、もとよりこれで南東経由の列島への流入が明らかになったわけではない。ようやくスタートラインに立てるようになっただけで、全てはこれからである。まずは港川人に関する議論でもいわれていたように、これら南東の更新世人類と本土集団との関係を解明することが必要だろう。かつて鈴木尚が提示したような更新世にさかのぼる沖縄と本土との人的つながりに対して疑問が出されている現状を考えれば、後世の列島全般に行き渡る縄文人が本当にこれら南東経由の更新世人類と関係があるのかどうか。石垣島の新化石では顔面の形態ばかりか、遺伝子の抽出にも成功しており、今後の研究進展におおいに期待したいところである。

新人の起源は？

対立する拡散モデル

旧石器時代にさかのぼる最古層の日本列島人を考える上で最後に触れておかねばならないのは、一九八〇年代から世界中の研究者を巻き込む論争を続けてきた、いわゆる「新人の起源」問題である。ここでいう「新人」とは、われわれ現生人類、ホモ・サピエンスと呼ばれる人類のことで、要するに、現在の世界各地に住む人々の起源を問う論争なのだが、あるいはこの話をご存知ない人からすれば、何を今さら？　と不審に思われるかも知れない。現代人の起源、つまりは人類の起源はアフリカにあるということで決着していたはずではないかと。

それはその通りで、確かにわれわれの先祖をずっとさかのぼっていけばアフリカにたどり着くことはまず間違いない。ここで改めて取り上げるのは、図9にも示したように、ア

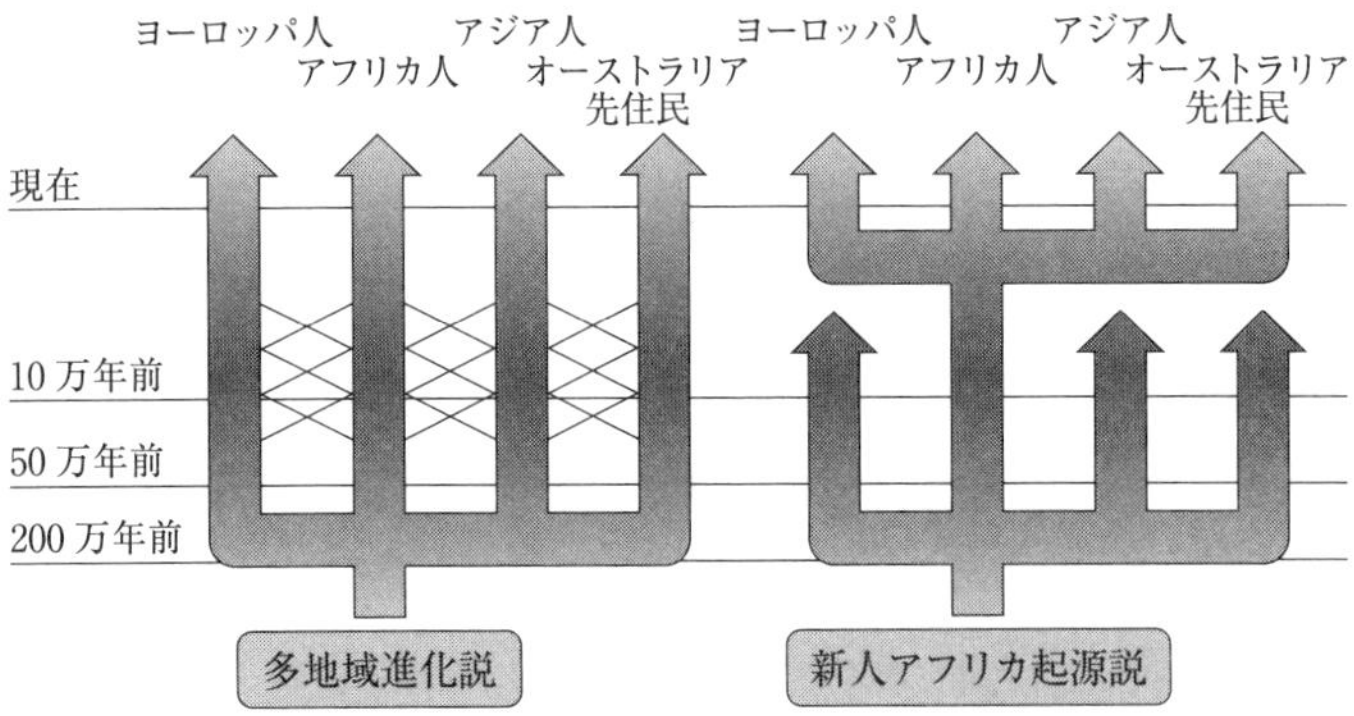

図9　多地域進化説と新人アフリカ起源説

フリカで生まれた人類がいつごろ、どのような形で世界中に広がって現代人に至ったのか、その拡散モデルに大きく二つの対立する考えが出されて激しい論争になってきたのである。繰り返すが、どちらも人類の起源がアフリカに求められることや、右記のように遅くとも二〇〇万年前ごろに始めて脱アフリカを果たしたということについて特に対立があるわけではない。問題は、従来から考えられていた図の左に示したようなモデル（多地域進化説）に対し、新たに図の右のような拡散モデルが台頭してきたこと、つまり、最初の脱アフリカによってユーラシア各地に広がった原人たちが進化によって現代人になったわけではなく、アフリカでいち早く新人へと進化したホモ・サピエンスが一〇万年前ごろから世界各地に大拡散し、アジアやヨーロッパで原人の末裔《まつえい》（例えばヨーロッパではネアンデルタール人）と入れ替わったとする考え（新人アフリカ起源説、あるいはアフリカ単一起源説）が提案されて激しい論争を巻き起こしたのである。この新説に従えば、右記のように仮に北京原人の時代に日本列島にも人類が流入していたとしても、彼らは日本人の直接の祖先ではない、われわれの祖先は数万年前に新たにアフリカからやってきて、日本列島の先住民と入れ替わった人々であるという話になる訳で、その議論の帰趨《きすう》はここでとり上げている更新世《こうしんせい》の日本列島人問題にも大きく関わってくる。

論争の発火点——ネアンデルタール問題

どうしてこんな議論が起きたのだろうか。その発火点は遠くヨーロッパのネアンデルタール人問題にある。一八五六年にドイツで発見されたネアンデルタール人については、その位置づけについて発見当初より様々な意見が対立してきた。低く大きな脳頭蓋や異様に突き出た眉弓《びきゅう》部や口吻《こうふん》部など、当時の人々を驚かせた奇妙な特徴をあわせ持つ彼らが、果たして現代ヨーロッパ人の祖先なのかどうか。この発見から間もない一八六八年にフランスで出土したクロマニオン人が、その現代的な特徴からすんなり祖先として受け入れられたのに対し、ネアンデルタール人を絶滅種として自分たちの祖先から除外する見解は、発見当初はもとよりその後も紆余曲折を経ながら根強く生き続けた。二〇世紀半ばには一時、彼らを現代人の祖先に位置づけ、ネアンデルタール人からクロマニオン人へと連続的に進化したとする声が高まった時期もあったのだが、一九八〇年ごろから、議論の様相はまた急変する。ネア

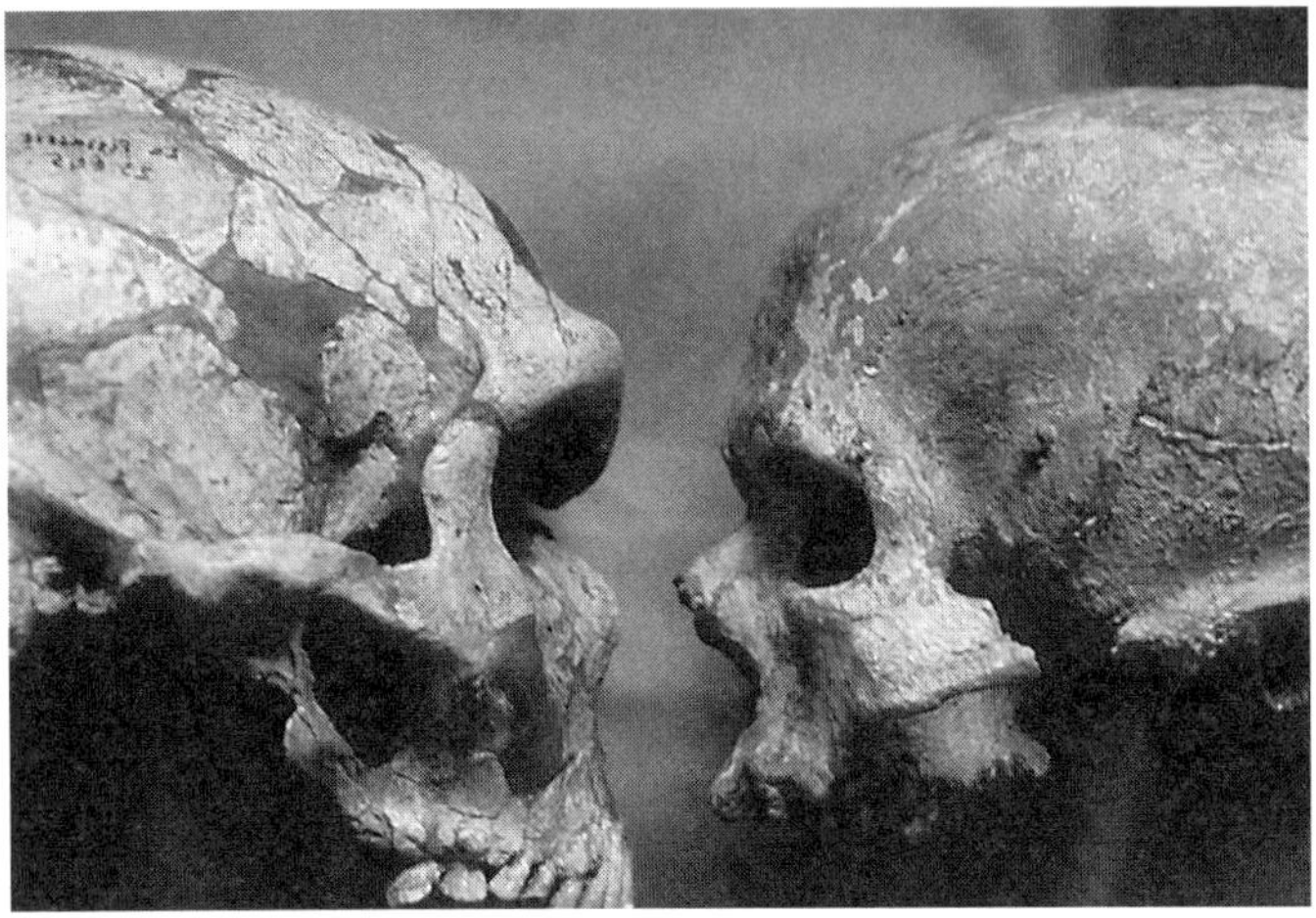

図10　ネアンデルタール人（左）とクロマニオン人（右）

ンデルタール人を絶滅種として葬り去る動きが一気に加速して行ったのである（図10）。

その一つのきっかけになったのは、化石の年代に関する新たな分析結果であった。それまでの年代観では、ネアンデルタール人と現代型新人のクロマニオン人の間には数千年、おそらくは五〇〇〇年程度の時間差があり、そのわずかな期間に両者の化石の間に見られるような急激な形態変化が可能かどうか、といったことが大きな争点になっていた。連続説をとなえるアメリカのR・C・ブレイスらが、石器技術等の発展による顎《あご》への負担軽減効果を考えれば十分可能だと主張すれば、その一方で、もし本当にネアンデルタール人から新人へと進化したのなら、これだけたくさん見つかっている化石の中にその進化途上にある、いわば中間型の化石が一つくらいは見つかってもよいではないか、と反論するといった具合である。

しかし、フランス南西部のサン・セゼールで新たに発見された化石の年代が、こうした議論に大きな波紋を投げかけた。ネアンデルタール人の特徴を持つこの化石に約三万五〇〇〇年くらい前という、それまで想定されていたクロマニオン人との年代差を一気に消してしまうような数値が与えられたのである。その後も最後のネアンデルタール人の年代は次々と小さな数値に置き換えられ、スペイン南部のサファイラ洞穴で発見された下顎骨《かがくこつ》にはおよそ三万年前という年代値が寄せられた。その一方で、クロマニオン人たちが使っていた最初の後期旧石器文化であるオーリニャック文化に対して各地で四万年前後にまでさかのぼる年代が与えられだし（ブルガリア・バチオキロ洞穴＝四万三〇〇〇年前、スペイン・アルベルダ洞穴＝三万九〇〇〇年前など）、結局、ネアンデルタール人とクロマニオン人は時代的に重なっていたことになって、右に紹介したような進化のスピードを問うような議論はほとんど意味をなさない状況になっていった。

そしてその中で、当時の研究者たちにさらに大きな衝撃を与える年代値がアフリカの出口に当たる中東からもたらされた。イスラエルのカフゼーやスフール洞穴出土の、形態的には新人と見なされる化石がおよそ一〇万年くらい前までさかのぼるというのである。しかも、この地域では、同じ頃にネアンデルタール人も住んでいたため、年代的に見ると数万年間にわたって両グループが共存していたような状況が浮かんできた。一体これはどう考えればいいのだろうか。

「イブ仮説」の登場

新たな年代値をめぐって議論が沸騰するなか、一九八七年、アメリカのレベッカ・キャンらによるミトコンドリアDNA分析に基づく論文がネイチャー誌に発表された。それは、全世界の現代人の祖先は、およそ二〇万年前のアフリカ人女性に行き着くというショッキングな内容のものであった。ミトコンドリアDNAは母から子へと母系遺伝することから、「イブ仮説」と呼ばれるようになったこの研究は、発表当初から統計処理の不備もあって多くの批判にもさらされたが、その後の核DNAを含めた遺伝子分析の多くも類似の結果を蓄積していき、右記のアフリカ単一起源説の強力な後ろ盾になっていった。その分析結果というのは、要するにアフリカ人が最も遺伝的変異に富むこと、そしてアフリカ以外の地域の人類は意外なほど変異が少なく、この結果は、新人がアフリカ起源であり（つまり新人はアフリカで最も長く住んでいたか、あるいは最も人口が多かったので蓄積された変異も多い）、その一部が世界各地に拡散してからまだあまり時間が経っていないということ、つまり、想定される突然変異の速度からすれば新人の起源はおよそ二〇万年くらい前のアフリカ人女性に行き着き、おそらく一〇万くらい前に脱アフリカをしたと考えれば理解しやすい結果だというのである。しかも、アフリカから拡散してきた新人と各地の原人の末裔たちが混血すれば、その土着集団がため込んできた遺伝的変異も現代人の遺伝子に伝えられて変異が増すはずだが、実際はそうなっていない。つまり混血は起きなかっただろうというのがレベッカらとその後の多くの遺伝学者達の結論であった。

このアフリカ単一起源説に猛然と反旗を翻《ひるがえ》してきたのが、アメリカのM・ウォルポフら多地域進化説を唱える研究者たちである。ウォルポフらが掲げた反論をまとめると以下のようになる。

①アフリカ起源の新人が各地の土着の人と置換することは可能か。

②最初の新人はアフリカに出現したか。その化石証拠はなにか。

③アフリカ以外の地域での最初の新人化石はアフリカ人的特徴の持ち主か。

④各地の置換の前後では化石の特徴が不連続のはずだが、本当にそうなっているか。

筆者はこの二〇年近く大学の講義でもこの問題をとり上げ、毎年、その締めくくりに学生に向かって、「できれば二、三〇年後、この問題を思い起こして論争の結果がどうなっているかを見てほしい。そのころにはひょっとして私は死んでいて確認できないかも知れないが、核戦争でも起こらない限り皆さんのほとんどは存命中だろうから、ここで私が話したことがどんな結論になっているか、果たしてこの図のようなモデルがまだ残っているかどうか確かめてほしい」と言い続けてきた。このモデルというのは、もちろん、新人アフリカ起源説（図9右）のことである。

別に二、三〇年という時間に根拠があったわけではない。ただ、後述の弥生時代の渡来人問題に関する議論の推移（定説化していた小進化説が覆えり、渡来説が普及した）を目の当たりにした経験から、定説が覆るにはなんとなくそれくらいはかかりそうかなと思っただけである。客観的な事実と論理をもとに自説を構築し、検証しあう研究者の世界でも、その時々の流行、廃りと無縁でいることは容易ではなく、本書の冒頭に紹介した前期旧石器問題の時にも見られたように、ある新説が様々な援護射撃を受けて台頭していく時は、多少なりともその潮に押され、乗せられることが少なくない。やがては上げ潮に乗り遅れまいと提灯《ちょうちん》論文まで混入し出してますます勢いが増し、いかにへそ曲がりが多い研究者たちにとっても、しばらくは迂闊《うかつ》に異論も立てられなくなる。なにしろ体制に逆らうと、現行のシステムでは研究費の面でも日干しにされかねない。やがてしかし、圧倒的だった潮の勢いも収まり、いわば定説化して流れが淀《よど》み始めると、冷めた研究者たちの目に今まで気付かなかったほころびや傷が見えてくる。とにかく多くの研究者が絡んだ話なので、一つや二つ新発見や新たな分析結果が出されただけで全員が一斉に逆方向を向くようになることはまずあり得ないだろうが、もともと研究者にとって定説を打ち破ることほど意欲を鼓舞されることはない。今度は異論を立てることにこそ研究意義も見いだしやすくなり、新たな見直し案がある程度の説得性をもったものなら、まさに蟻《あり》の一穴《いっけつ》になって、やがては雪崩を打つように反対陣営へと潮が押し寄せていく。

実験や理論だけでカタがつかないこの分野特有の現象かもしれないが、新人アフリカ起源説がますます勢いを増していく中で呟《つぶや》き続けた、そんな犬の遠吠えのような田舎教師の言葉を聴かされて、いったい学生たちはどう感じていたのだろうか。すでに議論はこの新説に決着したという雰囲気が蔓延し、筆者のように今なお不信を口にしているのは学会の中でもそれこそ「化石」のような存在になりつつあるが、しかしその「決着」は、例えば右記のウォルポフらの、至極当然とも思える疑問にまだ明快な回答を与えた上でのものではないことは繰り返し思い起こすべきだろう。

例えば④の、置換の前後で化石形態が不連続か否かについては、ヨーロッパでは右記のように一見そう見えなくもないが、アジアではそもそも化石が空白の時期や地域が多く、よくわからないままである。例えば東南アジアではジャワ原人以来、ウィランドラ湖（約三～四万年前）からカウ・スワンプ（約一万年前）へと連続的な進化が起きた（つまり、③や④のような事実はない）とするウォルポフらの指摘がある一方、馬場悠男らはジャワ島サンブンマチャン四化石を分析に組み入れて、より古いサンギラン発見の前期ジャワ原人から特殊化が進んでいるため、カウ・スワンプのような後世のオーストラリア先住民へと進化する可能性はない（つまり、④の状況が見られる）として、意見を対立させたままである。また、比較的化石が充実している中国では以前より北京原人から新人化石に至るまでの連続した変化（原人と新人化石の間に共通する特徴としてシャベル状切歯《せっし》、顔面と鼻根《びこん》の平《へい》坦《たん》性、前向きの頬骨《ほおぼね》外側面、比較的小さな前頭洞《ぜんとうどう》、直線上の前頭骨と鼻根・上顎骨の縫合等があげられている）が指摘されており、今もその意見が根強い。形態的特徴の連続という意味では断絶の典型例とされるヨーロッパですら、ネアンデルタールからクロマニオンへ、下顎神経管の形態等に連続性が見られることは以前から指摘されていた事実である。さらに②の問いかけに対しても、一九九七年にエチオピアのミドルアワシュで発見された一六万年前の化石（イダルツ）や、オモ（一九六七年にエチオピア南部のキビシュで発見、約一九万年前?）を新人のアフリカ起源を実証するものとする声が多いが、右記のようにアジアや他の地域で同時代の化石が出揃い、各地の時代変化を明らかにして比較しない限りは、本当に新人がアフリカ起源か否かの結論は出しようがないはずであろう。

そして、筆者自身が最も疑問に思い、不合理と感じていたのは①の問題で、遺伝子分析によって繰り返し主張された、混血もなしに各地で置換現象が起きたという点である。この問題についてはごく最近、また新たな動きが始まっているが、そもそも何が疑問なのか、ここで改めて触れて起きたい。

「置換」の是非

まず「置換」を言葉でいうのは容易だが、実際にそれを実現するにはよほどの諸条件が揃わないと無理である。どのような地域であれ、その地に長年にわたって根を張ってきた人々こそ、その地に最も適応しているはずであり、そうした先住民と置換するには、それを可能にする何らかの強力な要因が無ければならない。それは隔絶した武力であったり新種の疫病であったり、場合によっては些《さ》少《しょう》な人口増加率の差でも数百年もあれば置換は可能かもしれない。しかし、アフリカ起源だとする新人に、混血もせずに先住民を圧倒するほどのいったい何があったのだろう。

確かに近世期の世界を眺めてみても、北米やオーストラリアでは一見それに近い現象が起きている。タスマニア島ではアボリジニたちが瞬く間に白人の入植者たちによって絶滅させられたことはよく知られていよう。しかし、北米であれタスマニア島であれ、混血が無かったといえばウソになるし、アメリカでも中南米に行くと様相は一変する。混血が目に見える形で社会にあふれており、まさに混血ワールドになっている。先住民に対する先進ヨーロッパの隔絶した文明力をもってしてもなおこの結果である。

それでもなお、アフリカ起源の新人が各地の先住民と置換したとするならば、それを可能にしたのは、新人の持つどういう武器や能力だったのか。あるいは北米先住民が各所でヨーロッパの入植者が持ち込んだ結核などのために壊滅的な打撃を受けたように、先住民に耐性のない新たな疫病が壊滅的な打撃を与えたのだろうか。そうした疑問に対する確たる返答は、この新説が圧倒的に普及していく中でも提示されないままであった。例えば、南アフリカで（クラシエス河口やピナクルポイントなど）今のところ世界に先駆けて細石器が繰り返し発見され（他地域では三万年前以降の後期旧石器時代のもの）、これがアフリカ起源の新人をして世界に拡散させた革新技術の一つだとする見解が出されたりしているが、その発見から二〇年以上を経た現在もこの新技術がアフリカを出て各地に拡散したという痕跡が見当たらず、何よりも、アフリカの出口である中東で新人化石が使用していたのは、となりで生活していたネアンデルタール人と同じムステリアンでしかなかったのである。そして、この新人アフリカ起源説に不都合な事実を説明するため、アフリカから出てきた新人はいったんこの地で死に絶えて後でもう一度新たな拡散が始まったという新案が出されたり、その一方で、Y染色体等の遺伝子分析によって脱アフリカの時期を当初よりずっと新しい五、六万年前だろうとする修正値が飛び交ったりしている。問題の中東の新人型化石であるカフゼーやスフールの年代が一〇万年前辺りまでさかのぼることからすれば、彼らの絶滅を想定したこの修正案は右記の石器に関する矛盾を回避するうえでは有効かも知れないが、これなど、何やら勝手なつじつま合わせではないかと疑いたくなるのは筆者だけだろうか。

遺伝子分析からもたらされる分岐年代が自己完結型の確かなものならばこういう疑いは不当であろう。しかし、その計算の土台になる塩基置換《えんき》（ＤＮＡ鎖の構成要素である塩基〈アデニン、グアニン、シトシン、チミン〉が遺伝子複製の時に誤って別の塩基に置き換わることで、いわゆる突然変異の一要因）の速度等が必ずしも確かではない前提、推測（多くは化石記録による分岐年代値を目盛りにしている）を柱にしていることを忘れてはなるまい。いわばその前提値のさじ加減で計算結果がかなり変化してしまう訳で、最近、人類とチンパンジーの分岐年代が、新たな分析によって従来の五〇〇万年前後から七〇〇万年以上前へと古くなったとする結果が公表されたのもその一例であろう。この場合は、世代交代の間隔の見直しが効いたようだが、いずれにしろその報に接して、またかと思ってしまった人も多いはずだ。数年前に中央アフリカのチャドで七〇〇万年前にさかのぼる最古の人類化石（サヘラントロプス・チャデンシス）が発見され、それまでの遺伝子分析による分岐年代（多くは五〇〇万年前としていた）との差が問題になっていたので、いずれまた修正値が出てくるだろうとは思っていた。だが、こうなるとこの新しい年代値もいつまでもつかと不安にならざるを得ない。

アフリカ起源の新人と各地の先住民――「種」が違う？

置換が混血もなく起きるためには、おそらく先住民と後来のアフリカ起源とする新人が生物種のレベルで違ってしまっていたことを想定するしかあるまい。もしそうなら、例えば人口増加率にわずかな差があるだけでも、やがては置換に至ることは確かに可能だろうが、果たしてそんな隔離状態が起こりえたろうか。

種が違うというのは、つまり、正常な子どもが作れないほどに遺伝子組成が違ってしまった状態のことで、例えばかつて西宮市の動物園でヒョウとライオンの混血児が生まれ、レオポンと名付けられて人気を呼んだが、この可愛い珍獣は生殖能力を持たなかった。馬とロバの混血児であるラバもそうだし、近縁ではあっても、遺伝子の違いがあるレベルを超えると正常な子どもが産めなくなり、通常、現世種の場合はこうした基準で種を区別している。

しかし、交配実験のできない過去の人類については、その互いの関係を突き止めるのは容易ではない。各地の先住民と新たにアフリカからやって来た人々がすでに別種になっていたのかどうか、もちろん両者の化石をどうひねくり回しても破片しかこぼれ出てこないので、あとは形態の違いなどから判断するほかないのだが、確かな判断基準があるわけでもないので際限のない水掛け論になりがちである。新たな化石が発見されるたびに、それを人類の進化系統図のどこにはめ込むかで意見が割れるのもそのためで、この問題の発端となったネアンデルタールとクロマニオンの関係などはその典型例であろう。一九世紀に始まった両者の関係をめぐる議論の中で、同種だ、いや異種だ、とどれほど多くの異論がぶつかりあってきたものか。

もちろん地理的な要因などで長いあいだ遺伝的に隔離されていれば、先祖を同じくするグループが再び出会ったとしても正常な子孫が産めなくなってしまう現象は、各動物が進化の途上で経験してきたはずのことである。しかし、とっくの昔に脱アフリカを成し遂げ、様々な環境下に適応できるようになっていたこの段階の人類にそれほどの隔離が可能だったかどうか。例えばそれに近い例として、人類はおよそ五万年近く前にスンダランド（現在のインドシナ半島からカリマンタン島やジャワ、スマトラなどが一つになって大陸を形成していた）からサフールランド（現在のオーストラリアとニューギニア）へと渡海し、以後、次第に地域性を強めて、他地域の住人との間に一見、ネアンデルタールとクロマニオンの関係を想起させるほどにユニークな特徴を持つようになったが、彼らアボリジニたちはもちろん世界のどの地域の人々とも問題なく混血が可能である（図11）。向こう岸の見えない、アボリジニの祖先がどうやって渡海したのか不思議なほどの広い海という地理的バリアがあってもなおこの結果である。もちろん地続きのユーラシアでも、山岳地帯や不毛の砂漠

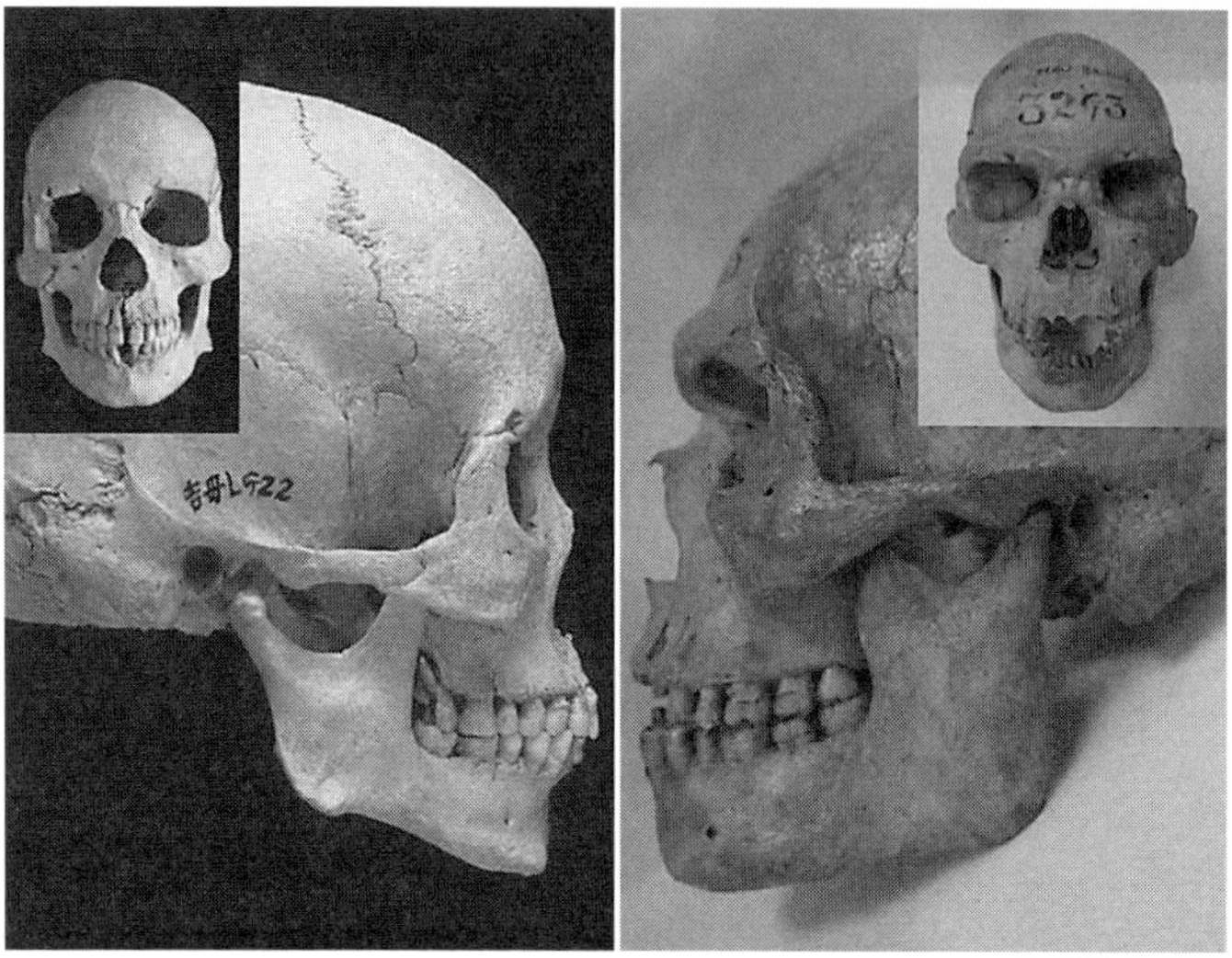

図11　山口県吉浜遺跡中世人（九州大学総合研究博物館所蔵）（左）とアボリジニ（オーストラリア）（右）

などで隔てられた各地でかなりの特殊化が進行したことは想像に難くないが、アフリカの出口が長く遮断されていたという地理的要因も見当たらず、遅くとも原人の時代にユーラシア各地に広く拡散するような適応能力を獲得していた人々に対して、異種を形成するほどの長期間の隔離を想定することはおそらく不合理であろう。つまり、混血もなしに置換が起きたと想定することには無理があるし、そもそもアフリカから新人が世界各地に大拡散したというモデル自体に大きな疑問があるというのが筆者の立場だ。

新人アフリカ起源説の台頭はやはり遺伝子分析に負うところが大きく、確かに化石人骨も含めたその分析結果を眺めたとき、新人のアフリカ起源と、その意外に新しい脱アフリカの時期、そしてユーラシア各地において先住民との置換もしくはそれに近い交代劇を想定することが一つの有力な解釈として導き出されることは理解できなくもない。しかし、繰り返しになるが、この遺伝子分析はまだ自己完結型のものではなく、かなり可変域のある不確定な前提を基にしており、揺るがぬ結論を出せるような性格のものではない。また、一口に遺伝子といっても、ほとんどがわれわれの姿形の決定には関与していないミトコンドリアDNAを対象としたものであり、最も情報の詰まっている核DNAについては、Y染色体の一部を除いて長らく手が届かない状況にあった。そしてその遺伝子の本家である核DNAの分析がついに化石人骨においても実現されてみると、また大きく異なった結果が導き出されて世界の研究者たちを驚かすことになった。

核DNA分析の登場

二〇一〇年、ネアンデルタール人の核DNA分析の結果が立て続けに発表され、ミトコンドリアDNA分析では繰り返し否定されてきたネアンデルタール人の遺伝子が、各地の現代人にも引き継がれていることがほぼ実証されたのである。一九九七年に初めてネアンデルタール化石（一八五六年に最初にドイツで発見された個体）からミトコンドリアDNA

が抽出され、その分析によって彼らがわれわれとはかなり遠い存在（現代人とネアンデルタール人は約七〇万年前に分岐したとする）であるとの指摘がなされて以来、他のネアンデルタール化石や新人化石も含めて次々と類似の分析が重ねられ、アフリカ新人起源説に深い疑いを持ち続けていた筆者でもさすがにこの点だけは認めざるを得ないかと思っていた。つまり、ネアンデルタールとクロマニオン（新人化石）との間に連続性はなく、ネアンデルタールはやはり進化の脇道にそれて遺伝子を残さずに絶滅したと見なさざるを得ないのかと考えて、以前にまとめた拙著の中でもそう解説したことがある。しかし、今回の核DNA分析によって、まさにその点が覆ったのである。

ミトコンドリアDNA分析がもたらす情報はかなり限定された、様々な留保付きのものだということをある程度は承知しているつもりだった者でもこの始末であり、汗顔《かんがん》の至りというほかかない。しかし、前にも触れたようにユーラシアにおける人類グループの隔離を想定することの不合理性を考えれば、むしろ今回の結果の方が自然であり、理解しやすいだろう。人類の移動範囲がこれだけ拡大した現代ですら、世界各地には各々特有の地域性を持った人々が居住している。行動範囲が限られていた、しかも遥かに人口も少ない先史時代には、各地の異なった環境への適応変化や遺伝的浮動などによって現代以上に明確な地域性が生み出されていたはずであり、西ヨーロッパを中心に分布したネアンデルタールはまさにその典型だろう。一見、われわれとは縁遠いような外見を持っていたとしてしても、結局、種のレベルで違ってしまうほどの遺伝的隔離は無かったというわけである。

ちなみに、図3のドマニシ出土化石をもう一度見直してもらえば、この問題に関する私のこだわりも多少は理解してもらえるだろう。右側が二〇〇五年に最後に発見された頭骨だが、左に示した個体との大きな違いが容易に見て取れよう。もしこれらが違った場所から出土したのなら、さっそくまた別名が付けられて、新種発見、というような動きになったに違いない。しかし、これらは間違いなく同じ遺跡のごく近くから発見されたものであり、いかに外見の違いが大きかろうと、同じグループ内の個体変異と見なさざるを得ないのである。この発見の影響で、さっそくアフリカの最初のホモ属化石の分類（ホモ・ハビリスを細分する意見があった）を見直す動きになったし、おそらくその影響は今後もっと古い猿人類や後世の旧人や新人化石の整理、分類にも波及するものと予想される。この個体差に加えて、右記のように人口が稀薄で移動範囲も限られた先史社会では、今われわれが実見できる以上の地域差もあったと見られ、形態にしろ遺伝子にしろ、そこで検出された差異が何を意味するのか、われわれはまだその確たる判断基準を持っていないことを再確認する必要があろう。

それにしても、かつてあれだけ脚光を浴びたミトコンドリアDNA分析の何がマズかったのか？　結局、遺伝子といっても限られた部位の、限られた個体からもたらされた情報だけであまりに多くをいい過ぎていたということだろうが、ミトコンドリアDNAは核DNAに比べて化石からの抽出効率が高くて比較的費用も安く、使い方によってはまだ当分は有用なはずであり、この時点で改めてこの手法の問題点、解釈に当たっての注意点などを整理しておく必要があるように思う。核DNA分析の論文中にも、過去のミトコンドリアDNA分析との食い違いについて触れた部分があるがとても十分とはいい難く、今や遺伝子分析の専門家たちの視線はこぞって核DNAのほうに向けられ始めているようだ。自分で実験するわけでもない、ただ公表された分析結果に基づいて考察するしかない関連分野の一員としては、今後もしミトコンドリアDNA分析の興味深い結果が公表されても、眉《まゆ》につばを付けて聞くしかないのだろうか。

今後の展開は？

ともあれ、近年の急展開によって現在では少なくとも図9のようなモデル図はもはや使えなくなっている。ただ、今後この新たな動きがどう展開するのか、これが果たして筆者が講義の中で予言（？）してきた逆転劇への序章になるのかどうかは、二〇一五年現在、まだ不透明というほかない。現代人がネアンデルタール人と遺伝子の一部を共有していることを明らかにした核DNA分析にしても、結論づけにはもう少し事例が欲しいところだし、今後、より古い化石や世界各地の現代人のゲノムデータが充実していけばどのようなストーリーが見えてくるか、まだまだ紆余曲折があるに違いない。

その中でしかし、以下は著者の妄言として眉につばを付けて読んでもらってもかまわないが、いずれ近い将来、混血があったかどうかというレベルではなく、全ての現代人の祖先を約二〇万年前のアフリカに求める新人アフリカ起源説そのものの見直しも進んでいくように思われる。二〇一二年（平成二十四）の秋、国立科学博物館でロシアのデニソワ人化石を中心に据えたシンポジウムが開かれ、席上、その予兆のような興味深い発表がなされた。デニソワ人というのは、二〇〇八年にアルタイ山脈のデニソワ洞穴で発見された約四万年前の子どもの化石で、二〇一〇年に核DNA分析の結果が公表され、現代人の系統とは約八〇万年前に分岐しながらも、その一部の遺伝子をメラネシア人や中国南部の現代人に伝えているとされた。もとよりその結果を承知した上でのことだろうが、ロシア科学アカデミーのミハイル・V・シュンコフ教授は講演の最後に、デニソワ人はネアンデルタールでも現生人類でもない、「デニソワ人」であるとしてその独自性を強調しながら、まるで多地域進化説と見紛う進化モデルまで提唱したのである。なぜそういう話になるのか、まず論理に飛躍があるのか、それとも単なる説明不足なのか、いささか説得力に欠ける発表で、会場からもさっそく質問の手が上がっていたが、実際、デニソワ人をめぐる議論は、その後、現代人系統との分岐年代を当初の半分の四〇万年ほど前とする見解が出されたり、最近ではスペインで発見された四〇万年ほど前の化石人骨〈シマ・デ・ロス・ウエソス〈Sima de los Huesos〉洞穴〉が、ＤＮＡ分析によって、地理的にも形態的にもその子孫と目されるネアンデルタール人よりもむしろこのデニソワ人に近いとする結果が発表されるなど、関係者の頭を抱えさせるような迷走状態が続いている。

遺伝子分析が今後ますますその活躍の場を広げていくのは間違いないが、ただ現在はまだ急速な発展途上にある手法と捉えるべきで、新たな結果が発表されるたびに一喜一憂する必要はない。安易に乗っかれば、すぐ後に梯子《はしご》を外される憂き目に遭いかねないだろう。結局、新人の起源をめぐるこの問題の最終的な検証には、各地の旧人から新人へとつなぐ時期の化石の充実が不可欠である。それがすぐには望めない以上、様々な関連情報を駆使して論を構築するほかないわけだが、例えば石器技術で見れば、世界各地におけるその変遷は、新人段階での新技術の流入、変革というよりは、各々の地域での連続的な変化を指摘する声が依然として少なくなく、遺伝子分析ほどには脚光を浴びないものの、新人アフリカ起源説に対する根強い批判勢力になっている。

また、その遺伝子分析にしても、右記のように今後、核ＤＮＡの分析事例が増えていけばまた違ったストーリーが台頭する可能性は十分あろう。そもそも、アフリカ以外の現代人の遺伝的変異が非常に少なく、それが起源の浅い、つまり脱アフリカの年代をせいぜい一〇万年前程度まで若くする論拠となっているわけだが、忘れてはならないのは、現代人の中で最も変異が多いとされるアフリカ人でさえ、同じ大陸に住み、個体数も分布域も比較にならないほど小さいチンパンジーに比べてもなお変異が少ないという事実があることである。祖先を共通するとの前提に立てば、多少は世代交代の回数に差があるとしても、この両者の違いは不可思議というほかない。一応、この説明として、人類には強いボトルネック（環境悪化などによって人口が急減すると、多くの変異がその時点で失われる。およそ一九万年前から一二万年前まで続いた氷河期に人口が急減したのではと推定されたりしている）がかかったためとする意見があるが、人類揺籃《ようらん》の地ですらそういう厳しい条件を当てはめ得るのなら、アフリカ以外のより多様で複雑な環境下で全ての食料源を新たに開発しなければならなかったユーラシアの人類には、格段に厳しいボトルネックが何度もかかったとみても不自然ではなかろう。それらをどの程度に見積もるか、いずれの立場を取るにしろ確たる基準はなく、結局、現代人の起源が新しいというよりは、それだけ脱アフリカ後の（それが原人段階の二〇〇万年近く前であっても）各地の人類は過酷な試練を乗り越えてきた証とする解釈も可能ではなかろうか。

この議論の主戦場となってきたアメリカの人類学会では、ここ一、二年、新人アフリカ起源説はやはり間違っていたとして、早くも多地域進化説の復権を謳う声が表面化しつつあるという。そう簡単に逆転への道を突っ走ることになるかどうか、ただ、関連の論文を読んでいて気になるのは、遺伝子であろうと石器であろうと、新人がいち早くアフリカで生まれて世界中に大拡散したという考えを半ば前提としてデータを眺め、論理を構築しているようなところがある点である。何度も繰り返すが、この新人の起源をめぐる議論の最終的な解決には二〇万～三万年前くらいの、旧人と新人をつなぐ時期の化石資料を充実させることが不可欠である。そんな日がしかし本当に来るのかどうか、夢に近いような話だろうが、この辺りで一度、既存の説を全て取っ払って、まっさらな目で諸事実を検討し直す時期に来ているように思う。

謎を残す列島の先住民

縄文時代人

縄文時代人

縄文時代の始まり

長く続いた氷河時代も、今からおよそ二万年前ごろをピークとしてその後は徐々に温暖化に向かい、更新世《こうしんせい》の終末期になると次第に現在の地図のような日本列島の輪郭が極東の洋上に浮かび上がってくる。もはやどこにも大陸とのつながりは無く、以後はこの大小三〇〇〇にも及ぶ島々の中で、人もそしてその生活文化も次第に独自色を強めていくことになる。日本列島に縄文時代の幕開けが訪れるのはこのころである。

いつから縄文時代が始まったのか、従来はおよそ一万二、三〇〇〇年前からと紹介されることが多かったが、近年、その時期をめぐって学会の考えに少し変化が起きている。縄文時代の開始をどのような基準で判断するのか、言い換えれば何をもって縄文時代の始まりと認めるのかについてはまだ多少の議論もあるが、最もシンプルでわかりやすい指標は、やはり土器の出現であろう。実はこの縄文土器の日本列島での出現時期は、世界的に見ても最古の時代にさかのぼる可能性が浮上している。国立歴史民俗博物館のチームが、土器に付着した炭化物をAMS法で測定したところ、東北の大平山元《おおだいやまもと》Ⅰ遺跡や九州の福井洞穴《ふくいどうけつ》などから出土した土器は、およそ一万五〇〇〇年くらい前（紀元前一万三〇〇〇年前）までさかのぼるとの結果が得られた。隆線文《りゅうせんもん》土器とよばれるタイプを最初の土器だと考えると、その年代は少なくとも一万五五〇〇年前まではさかのぼるという。従来の定説より三〇〇〇年以上も古くなるというのである。

ただし、ロシア・アムール川中流域のウスチノフカ三遺跡でもほぼ同時期の、さらに中国湖南省《こなんしょう》ではその真偽にまだ検討の余地を残すものの約一万八〇〇〇年前の土器の存在が公表されており、今のところどこが起源地なのかを見極めるのは難しい状況になっている。いずれにしろ世界の他の、例えば新石器文化揺籃《ようらん》の地である中東（約九〇〇〇年前が最古の土器）などと比べても格段に古く、人類にとって画期的なこの発明が日本列島を含む東アジアで実現されたことはほぼ間違いなかろう。

ともあれ土器の出現は人々の生活を大きく変えたに違いない。様々な食物の保存や運搬がはるかに容易になるだろうし、土器で煮炊きすればそれまで食べられなかった食物を利用可能にして、彼らの食卓を大いに賑わしただろう。例えば山に行けば豊富に手に入るドングリ類の多くはデンプンをたっぷり含んだ貴重な食料源だが、有毒なタンニン等が含まれているため渋みが強くてそのままでは食べられないものが多い。煮沸《しゃふつ》はその渋みをとるあく抜きに有効な方法の一つであり、縄文人もそうした目的で土器を使ったことが出土遺物の分析や実験作業を通してほぼ明らかにされている。研究者によっては、このあく抜きが目的で土器が開発されたという意見もあるほどだが、ただ、あく抜きに煮沸が有効だという知恵は、おそらく食物を煮炊きする生活の中から生み出されたものだろうから、最初からあく抜きを目的として土器を発明するというのは主客転倒かもしれない。いずれにしろ、火を受けた食物は美味であるばかりか、柔らかくもなって、縄文人の顎《あご》や歯に対する負担を軽減し、結果的に彼らの特徴にも少なからぬ影響を与えたことが推測される。

縄文時代人とは？

では、その縄文人とは、そもそもどの様な姿、顔つきの人々だったのだろうか。旧石器時代人の姿がほとんど見えない現状では、先史時代の日本列島の代表的な住人といえばまず縄文人の名が浮かんでこよう。ただ、なにしろ一万年以上もの長きにわたる縄文時代のこと、当然この間に何らかの時代変化もあったはずなので一律には扱いにくいが、前述のほとんど空白に近い旧石器時代人とのつながりで考えれば、まずは初期の縄文人が注目される。大陸と切り離されてから間もない縄文初期の人々には、おそらくその先祖である旧石器人類の特徴がまだ色濃く残されていたはずであり、当時の時代特性や地域性などがわかれば、懸案の旧石器人類についても何かヒントを与えてくれるかもしれない。

しかし、当然のことながら時代の呼び名が変わったからといって急に人骨が出土し始めるわけではない。同じ縄文時代でも初期の人骨となるとその数がかなり制限されてしまうが、これまでに発見された主な縄文早期（今からおよそ一万～一万二〇〇〇年前）にさかのぼる人骨を列島の北の方からあげていくと、新潟県の室谷《むろや》洞穴、栃木県の大谷寺《おおやじ》洞穴、埼玉県の妙音寺《みょうおんじ》洞穴、神奈川県の平坂《ひらさか》貝塚、夏島《なつしま》貝塚、長野県の栃原岩陰《とちばらいわかげ》、広島県の観音《かんのん》堂《どう》洞穴、大分県の枌《へぎ》洞穴、長崎県の岩下《いわした》洞穴などがある。他にもいくつか報告例があるが、人骨の特徴がよくわからない保存不良のものが多く、当時の状況を明らかにすることはまだ容易ではない。これらの中で最近、代表的な縄文早期の遺跡として知られる愛媛県上黒《かみくろ》岩《いわ》の人骨を詳しく調べる機会を得たので、その紹介を通してこれまでに明らかにされてきた縄文人の特徴や彼らにまつわる諸問題を考えてみたい。

上黒岩岩陰の縄文早期人

上黒岩岩陰遺跡

上黒岩岩陰《かみくろいわいわかげ》遺跡は、四国の最高峰、石鎚山《いしづちさん》の西南麓を流れる久万川《くまがわ》の岸辺で（愛媛県上浮穴《かみうけな》郡久万高原町上黒岩、旧美川村）、一九六一年（昭和三十六）、地元の竹口渉・義輝父子によって発見された。渉氏が水田を作るために岩陰の下を掘っていたところ大量の貝殻が出土し、それを当時中学生だった義輝氏が貝塚ではないかと思って先生に知らせたのが事の発端であった。その年の秋、さっそく愛媛大学西田栄らによる発掘調査が実施され、縄文早期の押型文《おしがたもん》土器等と共に人骨も発見されて大きなニュースになった。当時はまだ縄文早期の人骨ともなると前記の平坂《ひらさか》や室谷《むろや》洞窟くらいしかない時代だったから、この発見を全国誌が大きく報じたのも当然だったろう。その後、一九七〇年まで五次にわたる調査が実施され、多数の人骨の他に当時としては最古の土器である隆起線文《りゅうきせんもん》土器や有茎尖頭器《せんとうき》、さらには石の表面に女性像等を刻んだ線刻礫《せんこくれき》（石偶《せきぐう》）も出土して、上黒岩はわが国の縄文初期を代表する遺跡として広くその名を知られるようになっていった。

発掘からほぼ半世紀を経た今ごろになってなぜ筆者が上黒岩人骨を調べる羽目になったかというと、実はこの遺跡の全容を明らかにする報告書が未刊行だったため、国立歴史民俗博物館の春成秀爾が各分野の専門家を集めて改めてその完成を目指すことになり、筆者にも人骨担当として協力するよう依頼があったからである。数年前、調査チームが始めて松山市に集合した時、思いがけずも上黒岩のある美川町の町長が教育長や文化部長などを引き連れて、食事をしていたわれわれの席に挨拶に来られた。話を聞いてみると、かつて町長がまだ美川村の職員になったばかりのころ、最初に担当したのがこの上黒岩の発掘調査だったというのだ。おりしも町村合併で「美川町」の名も消え、町長の職を辞する時期が迫っている時でもあり、ずっと気になっていた上黒岩の研究報告をまとめようと集まった調査チームの話を聞いて、一言でも礼をいいたくてわざわざ山深い美川村から駆けつけて来られたのだった。若いころに情熱を傾けて取り組み、大きな成果をあげて国の史跡にも指定された遺跡なのに、その研究報告書が未刊行のままでは辞めるに辞められない心境だったらしい。涙まで流しながら何度も頭を下げられる町長を前にして、われわれもこればかりは中途で投げ出すわけにはいかないことを肝に銘じることになった。

上黒岩から出土した縄文早期人

発掘から半世紀も経ってしまうと、しかし、さすがにその復元作業は容易ではない。各担当者がまず悩まされたのは、石器や土器などの出土遺物や当時の記録類の多くが複数の場所に分散して保管されており、その所在確認と整理に多大な労力を強いられたことである。不明だったり失われた部分も多く、例えば日本最古ともいわれる埋葬犬の骨は、われわれの調査中にはとうとう発見できなかった（その後、慶応大学の倉庫から発見された）。筆者担当の人骨は、往時の発掘にも参加した小片保の母校、新潟大学医学部にその大半が保管されていたため、資料探しに余計な時間をかけずにすんだことは幸いであったが、作業を始めてみて、ここでもそう簡単に事は進みそうにないことを思い知らされた。

縄文時代の墓の中には、改葬《かいそう》という、一旦埋葬された遺体をもう一度掘り起こして別の場所に埋葬し直したような事例がかなり報告されている。上黒岩も大半の遺体がそうした行為を受けていたため、結果的に複数個体の骨が混ざり合った状態で出土し、例えばどの頭とどの脚が同じ個体のものなのか、判別が容易ではない場合が少なくなかった。もちろん、最初にこれを手がけた小片保は個体識別をして各人骨に番号を付されていたのだが、その番号を記したカードも破れたり数字がかすれて読めなくなっていたりで、あまり役にたちそうもない。五〇年という歳月はこんなところにもツケを回していた訳で、結局、作業始めとして、まずはいくつかの箱の中身を全部床に広げ、ばらばらになっている頭や手足の骨などを、細かな形態的特徴を手がかりにして各個体別に識別していくことから始める仕儀《しぎ》となった

そうした作業の結果、上黒岩では、少なくとも計二八体の埋葬遺体が確認された（女性八体、男性三体、未成人一七体）。縄文早期にさかのぼる時期のものとしては全国でも屈指の埋葬数だろうが、もちろんこの全てが全身骨を残していたわけではない。中には脚の骨一本だけという場合もあり、特に子どもの骨は一部しか残っていない場合が多かった。改葬というような行為が入ると、拾骨の時にどうしても小さな骨は見逃されやすいし、壊されて回収不能なほどに細片化することも多かったろう。それは現代の発掘作業でもしばしば目にすることだが、もともと成人に比べて骨の薄い幼小児骨は土質の影響によって消失する可能性も高い。さらには、往時の人々が子どもを大人同様に埋葬したかどうか、その点も各集団によってまちまちだから、なおさら発掘で出土した子どもの骨が当時の死亡状況をどの程度反映しているのか、なかなか判断が難しくなる。

高い子どもの死亡率

なぜ子どもの骨にこだわるのかというと、子どもがどのような死に方をしていたのかがわかれば、その集団の暮らしぶり、ひいては当時の社会・自然環境を知る上での一つの手がかりにもなるからである。上黒岩では、この未成人死亡者が全体の六割を占めていた。二％以下に収まっている現代日本と比較すれば極端な数値に思えるかも知れないが、しかし先史集団としては特に異常な数値というわけではない。図12は未成人死亡者の比率を比較したものだが、一般的に未開社会では子どもの死亡率が高く、中には一八世紀北米ネイティブアメリカンや日本の弥生時代の福岡県長岡《ながおか》遺跡のように七割に達する集団も知られている。今や世界最長寿を誇る日本ですら、一昔前の大正時代には約三〇％、明治時代になると約四〇％という高率が記録されているが、この数値ですら、当時の出生届の不備によって生後間もなく死んだ嬰児《えいじ》の相当数が漏れている可能性があり、実情はもう少し厳しい状況であったことが指摘されている。いい換えれば、戦後、急速な復興、発展によって世界有数の経済大国にまでのぼり詰めた、その社会変化の一端がこんな数値にも現れているわけであり、こうした子どもの死亡率の大幅な低下が日本人の平均寿命を急速に押し上げた最大の要因にもなってきたのである。

さて、古代集団でも、図12には弥生時代の土井ヶ浜《どいがはま》や金隈《かねのくま》遺跡のように随分低い死亡率を示す集団が含まれるが、彼らは本当にそんなよい環境下で子育てをしていたのだろう

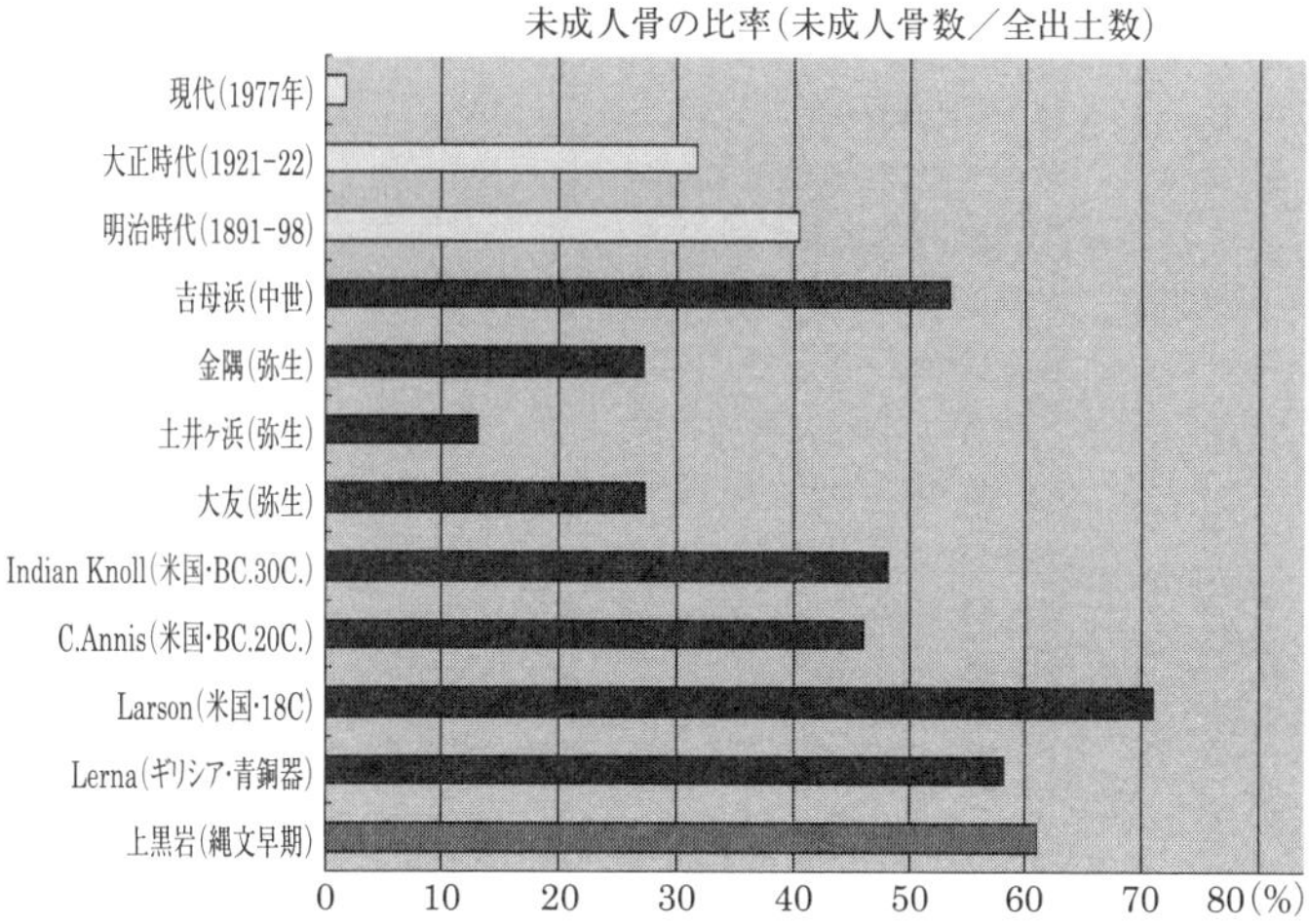

図12　未成人死亡者の比率

か。明治時代ですら四割を超えていたことを考えれば直ちには信じがたい数値だが、遺跡から出土した未成人骨の比率を調べると、実は大半の遺跡でこの程度の低率になっていることに気づかされる。しかし、もう少し踏み込んでその内実を探ってみると、やはりこうした比率は実態よりかなり過小評価になっていることが見えてくる。

図13は、未成人死亡者の中身を年齢別に調べてみた結果だが、ここで注目されるのは、出土人骨ではなく比較的正確な人口調査に基づく統計値に、ある共通したパターンが見て取れることである。全死亡者の中に占める未成人死亡者の比率は右記のように明治から現代にかけて四〇％から二％以下へと劇的に減少してきたが、その一方で、

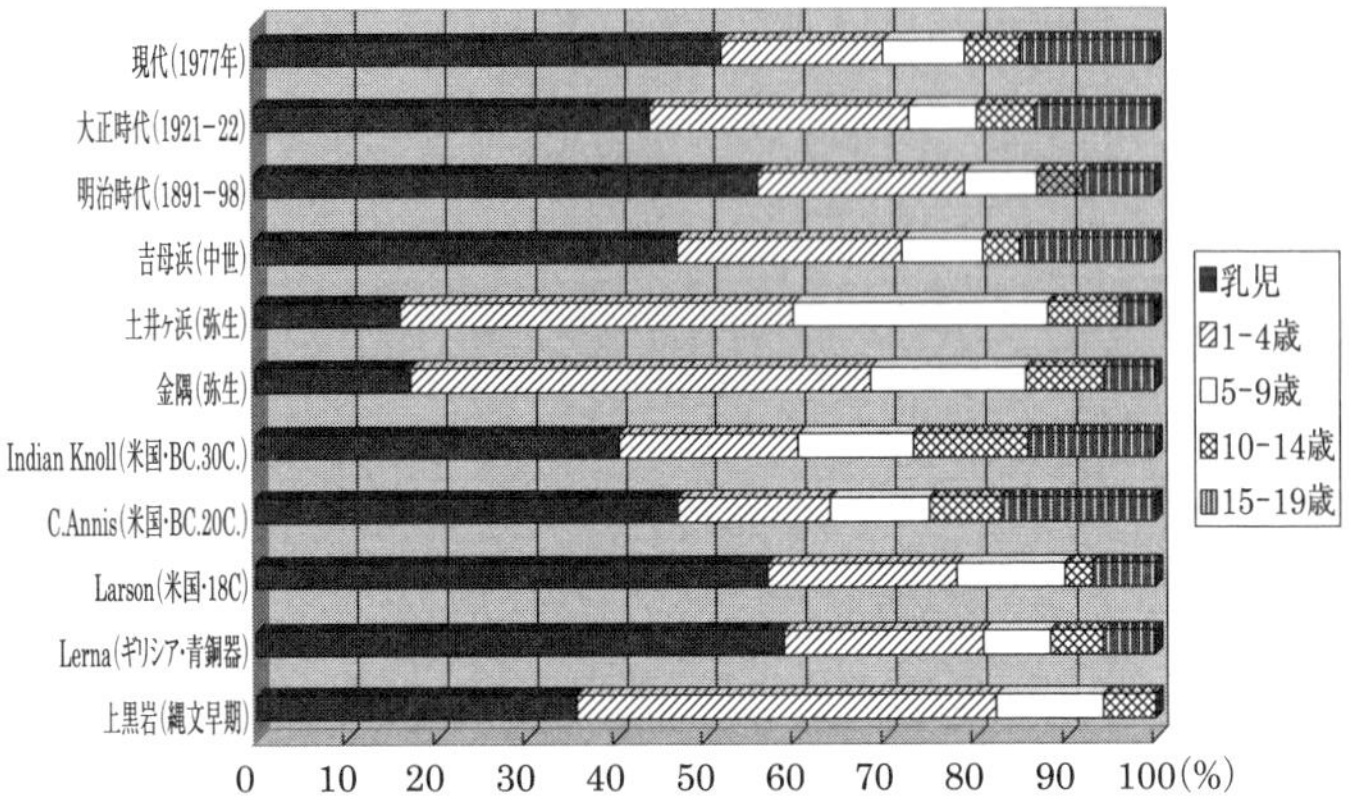

図13　上黒岩岩陰遺跡未成人死亡者年齢構成

未成人死亡者の年齢構成には似通ったところがあり、いずれもほぼ半数が一歳未満の乳児死亡者で占められている。つまり、人の生涯で最も死亡率が高く危険なのは生まれ落ちる前後とその後の数ヵ月であり、それは、子どもが半数近くも死んだ明治時代でも、二%以下に激減した現代でも変わらない。そして、この傾向は図にもある中世の吉《よし》母《も》浜《はま》や諸外国の、未成人死亡者が半数前後に達する多くの遺跡にも共通して見られることであり、違うのは、土井ヶ浜や金隈のような、低率を示す遺跡の方である。こちらでは、乳児の死亡者が、他に比べてひどく少なくなっていることが見て取れよう。弥生時代に近現代社会並みに出産、育児の環境が整っていたとはとうてい思われないし、小さくてもろい乳児骨は右記のような様々な要因で最も失われ易いことを考えれば、これらの遺跡でみられる乳児骨の比率は、当時の死亡状況を正確に反映しておらず、実状よりかなり低くなっていると考えるのが合理的だろう。

その目でもう一度上黒岩を見ると、ここでは乳児骨が三五％しかなく、しかもこの中に、生後二、三ヵ月以内の最も危険な時期の新生児骨が見当たらない。少数例なので偶然の結果といえなくもないが、かなり不自然な状況ではあり、やはり乳児死亡者の一部が何らかの要因で失われ、実際より低い数値になっている可能性が高い。試みに、人口調査の統計値を参考に乳児死亡者数を調整してみると、上黒岩の未成人死亡率は七割前後にも達するという結果になった。この数値はあくまでも推測値だが、七割であろうが六割であろうが、いずれにしろ、およそ一万年前に四国の山深いこの地で暮らした人々は、現代社会とは比べようもない厳しい生活を送っていたことがうかがわれる結果である。

上黒岩縄文早期人の顔つき

上黒岩の縄文早期人はどのような容貌の持ち主だったのか、図14に上黒岩の男女と、比較例として北部九州で出土した弥生人の典型例を示した。これらの写真でも一見してわかるように、面長な弥生人に比べると、上黒岩人の顔面は上下が短く寸詰まりの特徴をもっている。これまでも一般的に縄文人は後世の日本人に比べると顔幅が広くて上下に短い、つまり低・広顔性が強いことが指摘されていたが、上黒岩ではその傾向がいっそう顕著で、例えば図15に示したように、縄文時代

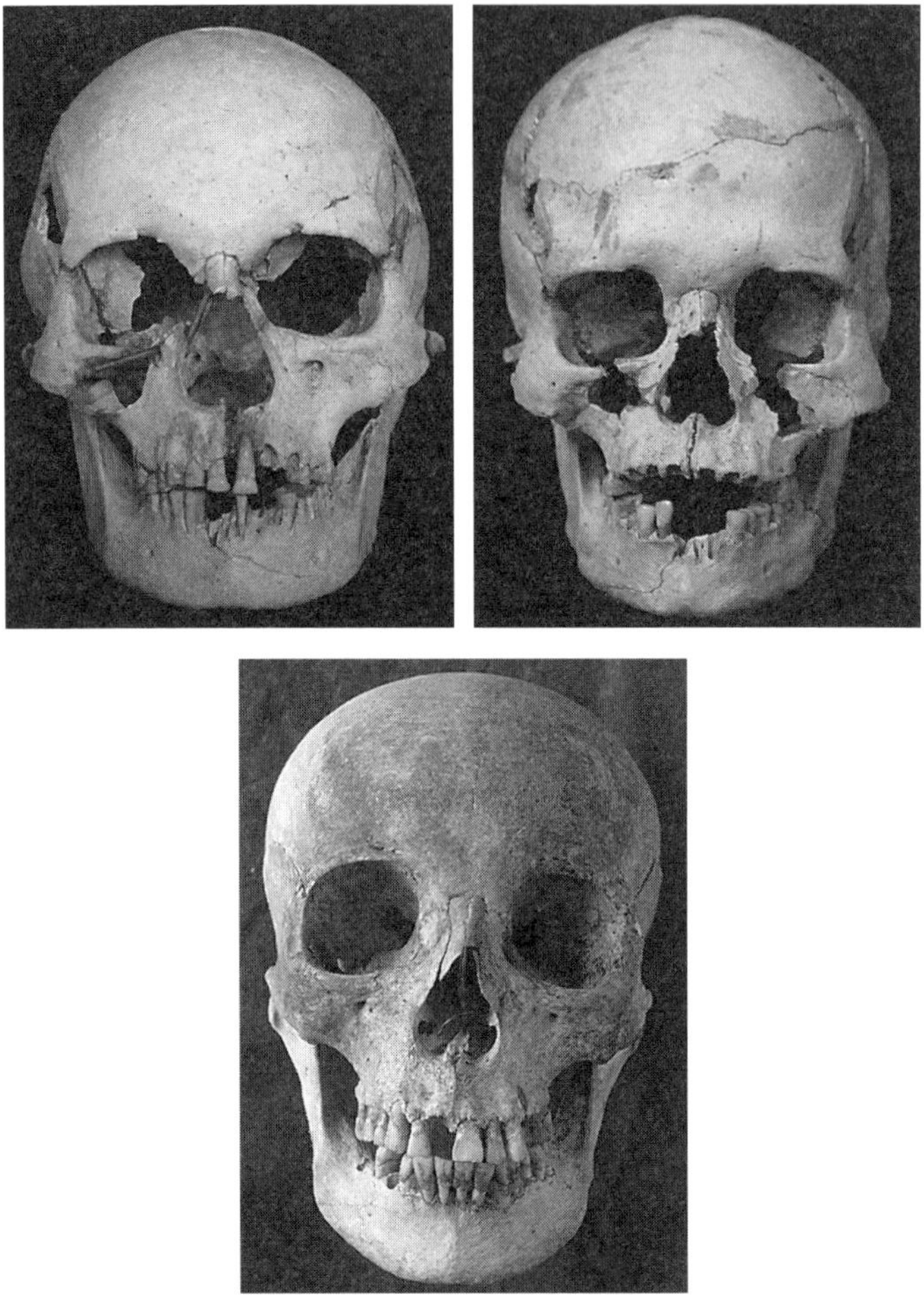

図14　上黒岩岩陰遺跡出土の縄文時代早期人骨（上左：男，上右：女）（新潟大学「小片コレクション」）と福岡県筑紫野市隈西小田遺跡出土の弥生時代中期人骨（下：男）（筑紫野市教育委員会所蔵）

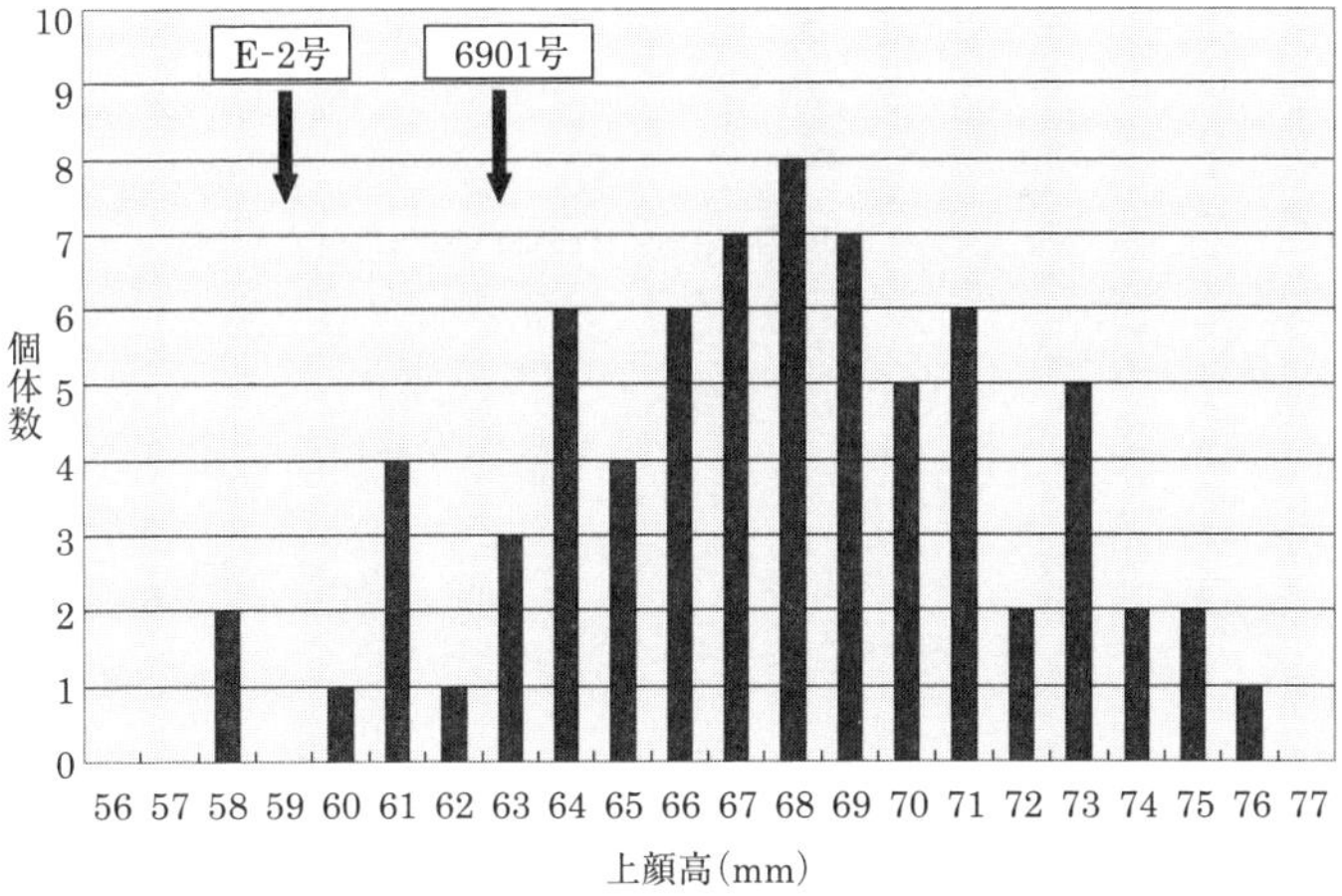

図15　上顎高の比較（縄文時代後半期の人々と上黒岩の２例〈男性〉）

後半期の人々の上顎高《じょうがんこう》（鼻の付け根から上顎《じょうがく》骨《こつ》の前最下端までの長さ）と比較しても上黒岩は最低値に近いところに位置している。同様に眼窩《がんか》も上下に低く、上縁が直線的で四角い輪郭を見せているが、その一方で、両目に挟まれた鼻骨《びこつ》は湾曲が強くて鼻梁《びりょう》が高く盛り上がり（つまり鼻筋の通った）、彫りの深い立体的な顔立ちになっている。眉間《みけん》部の膨隆《ぼうりゅう》、鼻根《びこん》部の陥凹も強く、全体的にごつごつした厳《いか》つい印象で、鼻が低くてのっぺりした顔立ちの弥生人とは好対照であろう。

　こうした鼻の高さ、彫りの深い顔つきは、右記の低・広顔傾向と同様に縄文人の一般的な特徴とされ、後世の日本人との最も顕著な相違点の一つになっている。この縄文人の特徴を最も色濃く受け継いでいるとされるのがアイヌの人々であるが、これまでもその紹介によく白いひげを生やしたトルストイとアイヌの長老の顔写真を並べて比較されたりしてきた。実際、アイヌの人々は欧州人のトルストイと比べてもあまり遜色《そんしょく》ないほど彫りの深い顔立ちの持ち主だが、その元祖ともいうべき縄文人のような特徴の人々がどうしてかつての日本列島にいたのか、そして、なぜそれが後世になって顕著な扁平《へんぺい》顔に変わってしまったのか、後に述べるようにその疑問は日本人の形成史をめぐる重要な争点にもなってきたのである。

酷使された歯

頭蓋でもう一つ目につくのは、異常なほどの歯の磨り減りかたである。いったいどういう使い方をすれば、こんな風になってしまうのか。図16に熟年女性の一例を示したが、多くの歯が根本近くまで磨り減り、しかも、咬合《こうごう》面が外側に向かって斜めに摩耗していたりして、上下の顎骨をどう咬み合わせても隙間が空いてしまう。単に食物をかみ砕くだけではこうはならない。何か別の用途でも歯を酷使していたようで、例えば未開社会では歯で皮なめしをする例などが知られているが、上黒岩人も日ごろの生活の中で歯を何らかの道具にすることが多かったのだろう。

このような使い方をすると、当然、咬耗《こうもう》が急速に進行して歯髄腔《しずいこう》が露出することも珍しくなく、そうなるとそこから食べ滓《かす》や細菌などが入り込み、結果的にひどい炎症を起こして、場合によっては顎の骨まで溶け崩れてしまうことがある。上黒岩でもそうした事例がいくつか確認されたが、これらの人は生前、絶え間ない痛みに苦しみ続けたはずで、何しろ抗生物質など無かった時代のこと、おそらくこれが原因で炎症が顎から全身へと波及し、死に至ったとしても不思議ではない。

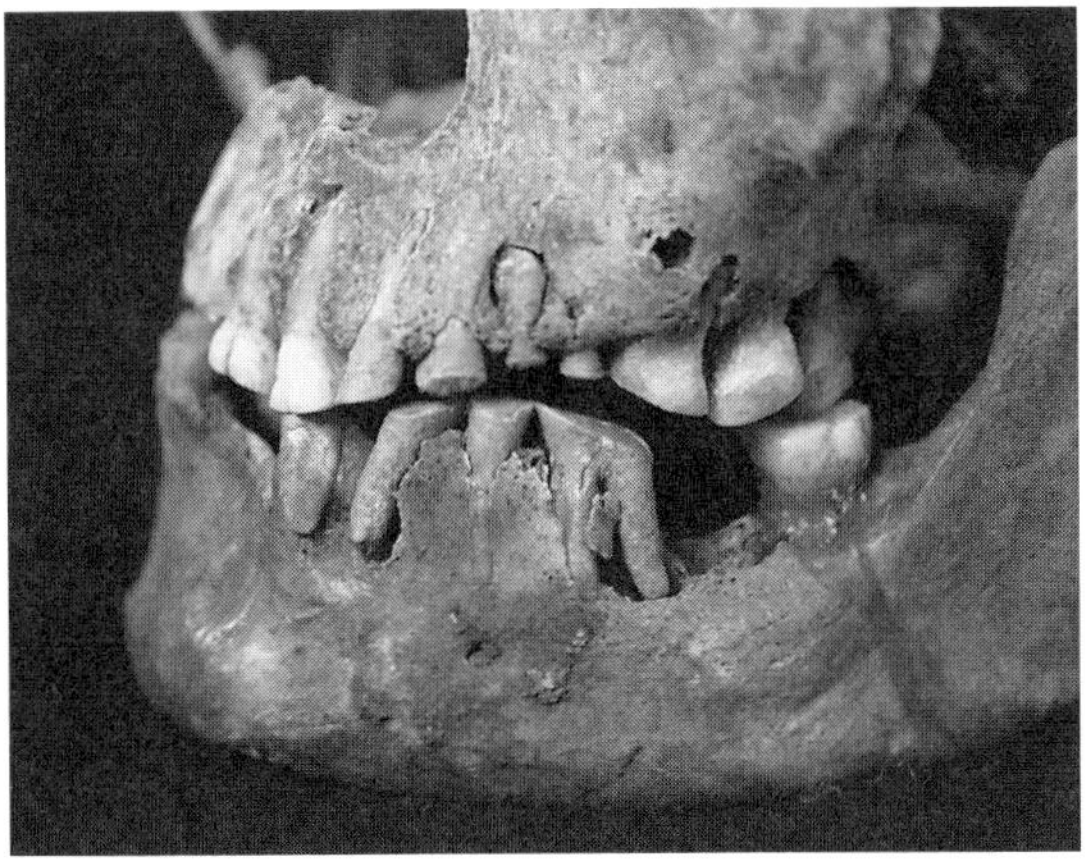

図16　上黒岩縄文早期人の歯（女性・熟年）（新潟大学「小片コレクション」）

虫歯と縄文人

歯の疾患といえば虫歯がお馴染みだが、上黒岩人骨の虫歯について調べた結果、年配の女性の左下顎第二大臼歯《きゅうし》と第三大臼歯の歯隙《しげき》に一つ確認された。観察し得た成人一〇体の歯一四三本中で、これが唯一の虫歯であった。図17に他集団との比較結果を示したが、虫歯の頻度（〇・七%）としてはかなり低い。これまで調査された結果でも縄文人はせいぜい一〇%程度に留まる集団が多く、弥生時代以降の後世の日本人に比べると比較的少ないことが知られているが、上黒岩ではそれに輪をかけて少ないことになる。しかし、果たしてこの地の

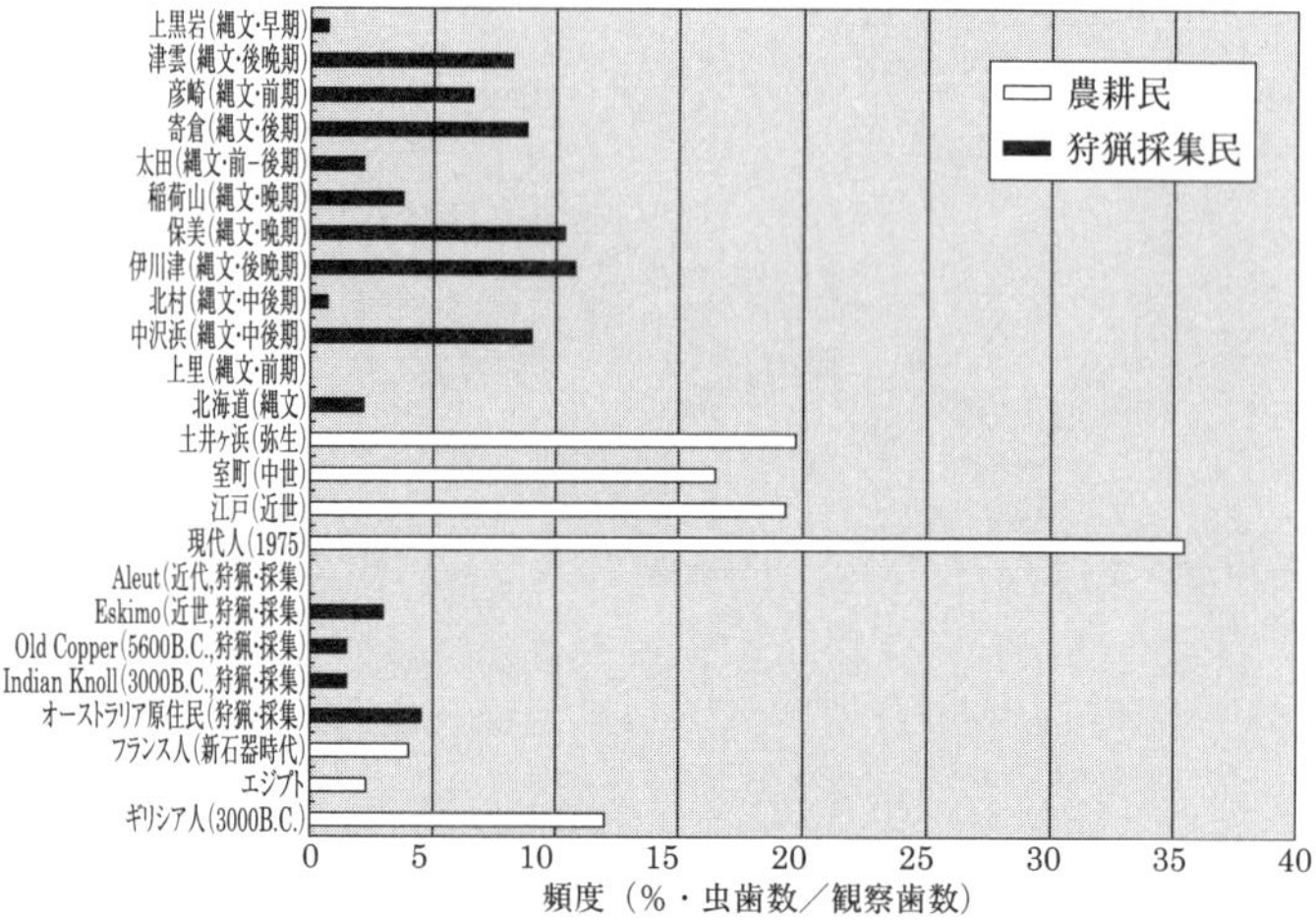

図17　虫歯の頻度の比較

縄文人はそんなに歯の衛生にとって良好な条件下で暮らしていたのだろうか。右記のようなひどい咬耗状況を見れば、容易には頷けない結果であろう。

虫歯が少なかった一つの要因としてまず考えられるのは、この咬耗の強さが、結果的に虫歯を隠してしまった可能性である。右記のようにほとんど歯頸《しけい》部以下しか残存していないような状況では、そもそもわれわれがよく経験する歯冠《しかん》咬合面の虫歯は観察不能だし、例え虫歯ができかけたとしても、たちまち削り取られて消えていった可能性もあろう。ただ、古代人では虫歯が歯冠咬合面ではなく、むしろ歯頸・歯根部に発生しやすいことが報告されているが、上黒岩ではそんな例も見当たらなかった。やはり、上黒岩の縄文人は虫歯が発生しにくいような生活をしていたのだろうか。

虫歯というのは、食物に含まれる糖質を基にミュータンス菌のようないわゆる虫歯菌が有機酸を生みだし、その結果、口内の酸性度が増して歯のエナメル質が溶かされてしまう疾患である。従って、摂取する食物によってその頻度は大きく変化し、一般的に穀物への依存度が高まる農耕集団で頻度が高く、特に有機酸を産生しやすい砂糖などが普及した近代以降に虫歯の頻度が劇的に高くなったことが知られている。図17の比較結果にもその傾向がはっきり見て取れるだろう。

虫歯の原因には他にも調理の仕方や食べ滓の貯まりやすい歯並びの悪さ（近現代人ではいわゆる乱杭歯《らんぐいば》が増える）、あるいは歯を磨く習慣の有無やその人の健康状態などいくつか指摘されており、炭水化物の摂取量だけが決定要因ではないが、口にする食物、特に植物性食物の比率が虫歯の発生に大きく影響する事実に違いはない。実際、動物の肉に頼るしかない生活をしている極北の人々では虫歯がひどく少なく、北米エスキモーやグリーンランドの人々は、ヨーロッパ人との接触以前は虫歯の頻度がゼロかそれに近かったという。日本でも大島直行によって調べられた、五～一〇世紀ごろに北海道の東北沿岸部に住んでいたオホーツク人ではやはり虫歯が一本も見つからなかった。網走川《あばしりがわ》河口域にあるモヨロ貝塚など、オホーツク文化人が住んだのは海岸近くの、しかも堅果《けんか》類等には多くを頼れない寒冷域であり、その遺跡からはアザラシやトド、クジラなど大型海獣の骨が出土しているので、彼らの生活がこれら海の生き物に大きく依存していたことがわかっている。

縄文人は採集民?

もちろん一口に縄文人といっても、住む場所、得られる食料源の違いなどによって虫歯の頻度も大きく変化するようだ。先の図17を見てもう一つ気づくのは、世界各地の同じ狩猟採集民と比べると、上黒岩はともかくも、縄文人の中にはかなり虫歯率が高く、一部は農耕民と比べても遜色ない集団もあったという事実である。これまで述べてきた虫歯の成因を考えれば、この現象は彼らが多くの炭水化物を食料源にしていたためだと考えればわかりやすいが、どうだろうか。

縄文社会でも一部に農耕の存在が議論されているが、時期や地域による違いはあれ、大方の縄文人の生活の柱はやはり狩猟・採集にあったというのが一般的な見解である。ただ、その中で彼らが従来考えられていた以上に木の実や芋類などの植物性食物に強く依存する生活をしていたことが、遺跡出土物の詳細な定量分析や安定同位体を用いた食性分析などで明らかにされている。芋などはもとより、ドングリやトチなどの堅果類でも、一般的に酸性度の強い日本の土壌下では短期間のうちに溶かされてしまうので、遺跡から回収されることはほとんどない。しかし、例えば低湿地の粘土質の土壌中で腐敗菌が働けなくなるような嫌気《けんき》条件などが揃えば、そうした植物性の遺物がそっくり保存されることがある。

大量の木製品や縄文前期の丸木舟《まるきぶね》まで出土した福井県の鳥浜《とりはま》貝塚はその代表例の一つだが、この遺跡での詳しいカロリー計算の結果を見ると、量的には圧倒する貝類の寄与はわずか二〇％足らずしかなく、かわってクルミや栗、ドングリなどが最大の四〇％以上を占めて、魚や獣肉の比率を上回っている。芋類など、こんな遺跡でも痕跡を残さない食物の存在を考慮すると、もっと高い比率で植物性食物に依存していたと考えても不自然ではない。実際に、安定同位体分析（後述）の導入によって、千葉県の古作《こさく》貝塚（縄文後期）では、木の実や芋類へのカロリー依存度が約八〇％、という比率がはじき出されている。これらが海や湖に接した環境下での状況であることを考えれば、縄文人の食生活において、植物性食物、つまりは糖質類がかなり重要な位置を占めていたことがうかがえよう。彼らが場合によっては農耕民に匹敵するほど頻繁に虫歯に侵されていたとしても何ら不自然ではなさそうである。

こうした縄文人に関する分析結果からみると、上黒岩人の虫歯の少なさが改めて注目される。要するに上黒岩では、他の縄文人とは違って木の実など植物性食物の利用率がそれだけ低かったということなのだろうか。実はこの岩陰遺跡からは、様々な動物の骨や多量の貝殻も出土している。この発掘情報からすると、先に述べたような縄文人集団に比べて上黒岩では肉類など動物性食物の摂取量がより高かった可能性も浮かんでくるが、果たしてどうだろうか。

上黒岩と似たような山中の縄文人集団で、やはり非常に低い虫歯率を示した例として長野県の北村《きたむら》遺跡（縄文時代中〜後期）が知られているが（虫歯頻度は〇・七六%）、この北村については、従来、安定同位体分析によって木の実など植物性資源への依存度が特に高い遺跡という評価がなされていた。それなのになぜ虫歯が極端に少ないのか、その理由がうまく説明できなかったのだが、二〇一一年（平成二十三）の人類学会で従来の解釈を打ち破る驚くべき発表がなされた。最新の分析技術によって動物性と植物性のアミノ酸比率を探ってみると、意外にも北村や、やはり山中にある縄文早期の栃原《とちばら》遺跡では、五四〜七〇%のタンパク質を草食獣から得ていたとの推測結果が発表されたのである。植物性食物が主体としていたこれまでの同法による推測とは大きくかけ離れた結果である。実際、その学会発表の席でも、以前の分析結果との食い違いの理由を問う、厳しい質問が出された。

安定同位体分析

ここで問題になっている安定同位体分析というのは、骨に含まれているコラーゲンというタンパク質を構成する炭素と窒素の安定同位体（化学的性質は同じだが原子量が異なる元素のこと。炭素の原子量は12だが、13のも全体の約一%の比率で存在し、原子量14の窒素についても、15のものが〇・四%の比率で存在する）の含有率から、古代人の食生活を明らかにしようとする手法である。自然界の動植物に含まれる安定同位体の比率（安定同位体比）は種によって違いのあることがわかっており、例えば植物では光合成経路の違いによって米や麦類、あるいはドングリなどの堅果類（C3植物）は^{13}Cの比率が低く、トウモロコシやヒエ、アワ、キビなどの雑穀類（C4植物）には^{14}Cが比較的多く含まれている。また、窒素では、^{14}Nより^{15}Nの方が体内に残りやすいため、いわゆる食物連鎖の高位にある動物ほど高い同位対比を示す傾向があり、特にトドやアザラシなどの海獣で高い比率が確認されている。このような各々異なった同位対比をもつ動植物を異なった比率で食べれば、それを材料として作られる骨のタンパク質（コラーゲン）の安定同位体比にも違いができるはずであり、その分析を通して古代人の食生活を復元しようというわけである。

この手法は、従来は遺跡の出土遺物や古環境などから漠然と推測するしかなかった先史集団の食生態復元に大きな威力を発揮してきた。例えば図18は、米田穣らが主に列島東部の縄文人骨を用いた分析結果の一例だが、海獣など海の恵みに大きく依存した北海道の縄文人と、おそらくは堅果類や陸上動物、あるいはサケ、マスなどを食べていた本州の縄文人との、食性における大きな違いを明確に示している。ただ、ここで注意しておかなければならないのは、この方法によって食べ物のおおよその区別は可能だが、具体的な種類、例えば同じC3植物でも米なのかそれともドングリなどの堅果類なのか、その特定までは難

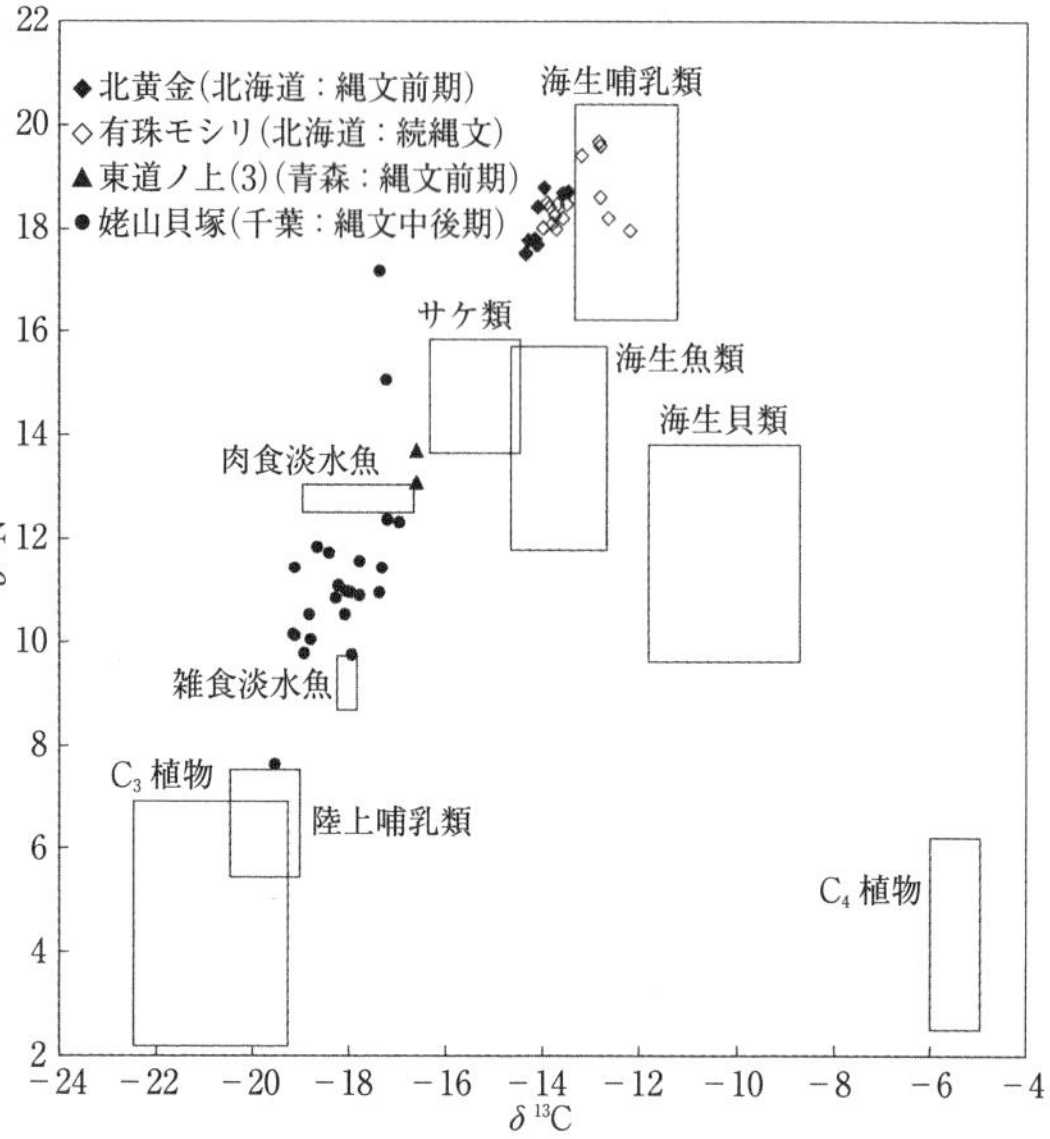

図18　安定同位体分析（北海道・青森・千葉の縄文〜続縄文時代人）（米田，2010）

しいということである。とりわけ、人間のように雑食性の強い動物の場合は、この図にも見られるように各種の食物の中間域に分析値が落ちることが多く、どの食物をどの程度の比率で摂取していたのか、その具体的な解釈にあたっては遺跡遺物や生態系に関するデータも加味しながらシミュレーション作業によって推測するしかなかった。つまり、右記の学会発表の対象遺跡となった山間にある北村遺跡縄文人のタンパク源が動物肉由来のものか植物性のものか、本法をもってしてもその比率の厳密な算定はもともと困難だったのである。今回の学会発表は、古人骨に含まれる安定同位体の分析を従来のタンパク質レベルではなく、そのタンパク質の構成要素であるアミノ酸（グルタミン酸とフェニルアラニン）にまで追求の手を伸ばしてそうした問題点を解決しようという試みである。

いわばより分析精度を上げたこの結果によれば、北村遺跡の非常に低い虫歯率についても肉食との関連で少しは説明しやすくなりそうだが、果たしてこのままこの新法に寄りかかっていいのかどうか、ややためらう部分も残る。それは、従来の方法によって導かれた結果との食い違いの原因がまだ十分には説明されていないためである。なぜこんなに異なった結果になったのか、少なくとも安定同位体分析の専門家には、この手法の限界（例えばタンパクの供給源が動物なのか植物なのか）についての認識があったはずなのに、どうして植物資源に偏った解釈に至ったのか、そのあたりの理由がはっきりしないと、得られた結果が自説に都合がよいからといって安易に乗っかるわけにはいかない。このままだと、これまで蓄積されてきた従来の安定同位体分析の結果をどう評価すればいいのか、ひょっとすると今後全て見直す必要があるのか、そんなことまで心配になってくる。

どの分野でも新手法というのは研究の進展に大きな武器になる反面、新しい分だけまだ改良や見直し作業が必要な、評価の難しい不確定要素も残るのが通常であり、不注意にもたれかかると思いがけない陥穽《かんせい》に陥りかねない。DNA分析でも述べたように、この画期的ともいえる手法の将来のためには、今後そうした総括作業が不可避であろう。

ともあれ、上黒岩では残念ながらまだ食性分析は実現できていないが、今回の学会発表の結果を見ると、北村縄文人と似たような低い虫歯率を示した理由として、おそらく激しい咬耗も手伝ってのことだろうが、やはり肉類を口にすることがかなり多かったためだと考えてよいのかもしれない。そう考えれば右記のような上黒岩の発掘情報とも矛盾しない。もちろん、同じ山間部といっても地域によっては動物資源より植物資源に恵まれた地域もあるだろうから立地だけで決めつけるわけにはいかないが、もしそうした推測が当たっているなら、古人骨の虫歯率もまた、復元が困難な先史人の生活内容や古環境を考えるための貴重なヒントになろう。

かつてこの人類学の世界では、諸集団の系統関係や進化などが研究の主たる目的になってきたが、近年は右記の安定同位体（食性復元）やストロンチウム等の微量成分（生まれ育った地域に関連）の分析手法の開発、導入と並行して、ここでとり上げた虫歯や、他にも関節病など骨に刻まれた疾病やストレスマーカー（生業や生育環境などの復元）、あるいは筋付着部の発達度から生前の身体活動を復元する試みや、骨にかかる負荷と骨形態との関係についての力学的分析など、様々な骨から読み取れる情報を基に古代人の生活内容をより具体的に探る試みが盛んに行われている。そうした手法は、これまで遺跡の出土遺物や現代の狩猟採集社会についての観察所見等を基に類推するしかなかった過去の人々の生活内容について、より客観性と具体性に富んだ情報をもたらしつつあり、今後もますますその威力を増していくだろう。

脚を酷使した生活

　体つきの方に目を移すと、まず上黒岩縄文早期人の推定身長は、男性（二体の平均）で一六〇センチ程度、女性（六体）で一四七センチ余りであった。男子学生の平均が一七〇センチを超えた現代から見ればずいぶん低く思えるかも知れない。だが、この点については、戦前の徴兵検査のデータなどを見るとわずか半世紀余り前の日本人男性でも一六〇センチくらいだったし、縄文時代よりずっと後の中世や江戸時代には一五〇センチ台半ば辺りまで落ち込んだ時期もあったので、特に強調できるほどの低身長だったわけでもなさそうだ（図19）。身長は、明治以降の日本人の急激な伸びが示しているように、生活環境、特に栄養条件に大きく左右されるので、その変化は、各時代・地域の人々が生きていた社会の内実、変化を映し出す有効なバロメーターにもなる。その視点で見れば、上黒岩は少なくとも江戸に比べるとそう悪い環境でも無かったように思えるが、もう少し詳しく骨の特徴を見ていくと、単純にそうとばかりはいえない状況も浮かんでくる。

　上黒岩人の四肢骨《ししこつ》は男女ともかなり細く華奢《きゃしゃ》な傾向を見せるが、その一方で、筋付着部の発達度や断面形状からすると、相当に激しい肉体労働、特に下肢への強い運動負荷を強

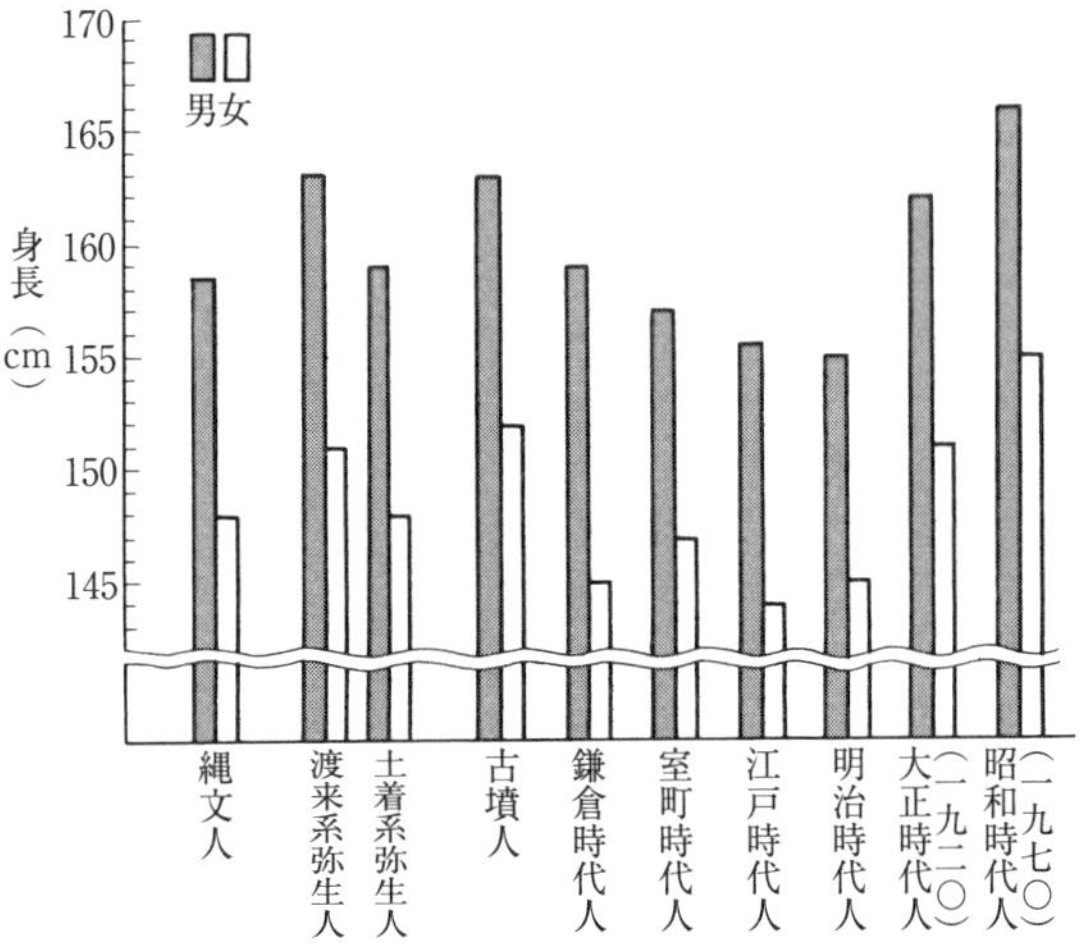

図19　身長の時代変化（平本，1972ほか）

いられていたことがうかがえる。例えば、図20は、上黒岩から出土した女性の大腿骨《だいたいこつ》の骨の断面写真だが、いろいろ縄文人の脚の骨を見てきた筆者でもこんな極端な断面形状を、それも女性の大腿骨で見たのは初めてである。大腿骨の後面には粗線《そせん》と呼ばれる上下に走る土手状の盛り上がりが見られ、膝の屈伸に関係した多くの大腿の筋肉がここに付着する。当然、野山を歩き回って脚を使えば使うほど粗線の発達が強まるわけで、現代人ではわずかな高まりに過ぎないこの部分が、先史時代の特に縄文人では強く張り出してまるで角柱を付け足したようにも見えるので、柱状大腿骨と呼ばれる独特の断面形状を呈することが多い。上黒岩ではしかし、この粗線の発達度が通常の縄文人を大きく上回っており、それも特に女性でその傾向が顕著に見られた。図21は大腿骨の断面示数（骨幹《こっかん》の前後の厚みを左右幅で割った値）

を示した結果だが、棒グラフで示した縄文後半期の人々と比べて上黒岩の女性はおしなべて高値に傾き、前の写真で見た女性などは通常ではあり得ないほどの位置に来ている。少数例での結果なのでやや極端に出ているのかも知れないが、上肢骨は対照的にかなり華奢で、現代人並かあるいはそれ以下の細い骨体しか持たないので、なおさら下肢に見られたこの傾向は、険しい山間地での狩猟採集生活がいかに脚への強い負担を強いていたかを如《によ》実《じつ》に示している。

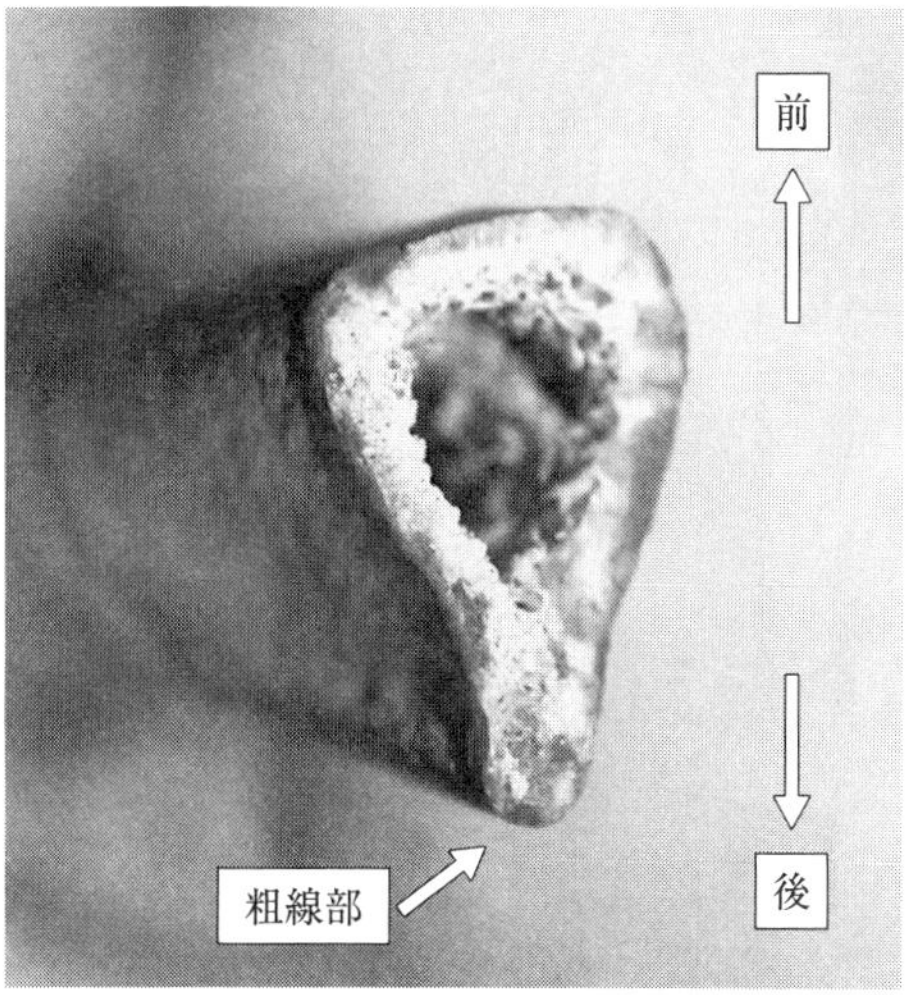

図20　上黒岩・大腿骨の断面（女性）（新潟大学「小片コレクション」）

また、多くの狩猟採集民では、こうした下肢の酷使とそれに伴う骨の変化は男性でより強く認められることが多いのだが、右記のように上黒岩ではむしろ女性にその変化が顕著である点も注目される。世界の多くの事例研究から推測すると、例えば動物を狩るのはおそらく男性の仕事だったのかも知れないが、上黒岩では一方の女性もまた、木の実の採集などで日常的に野山を歩

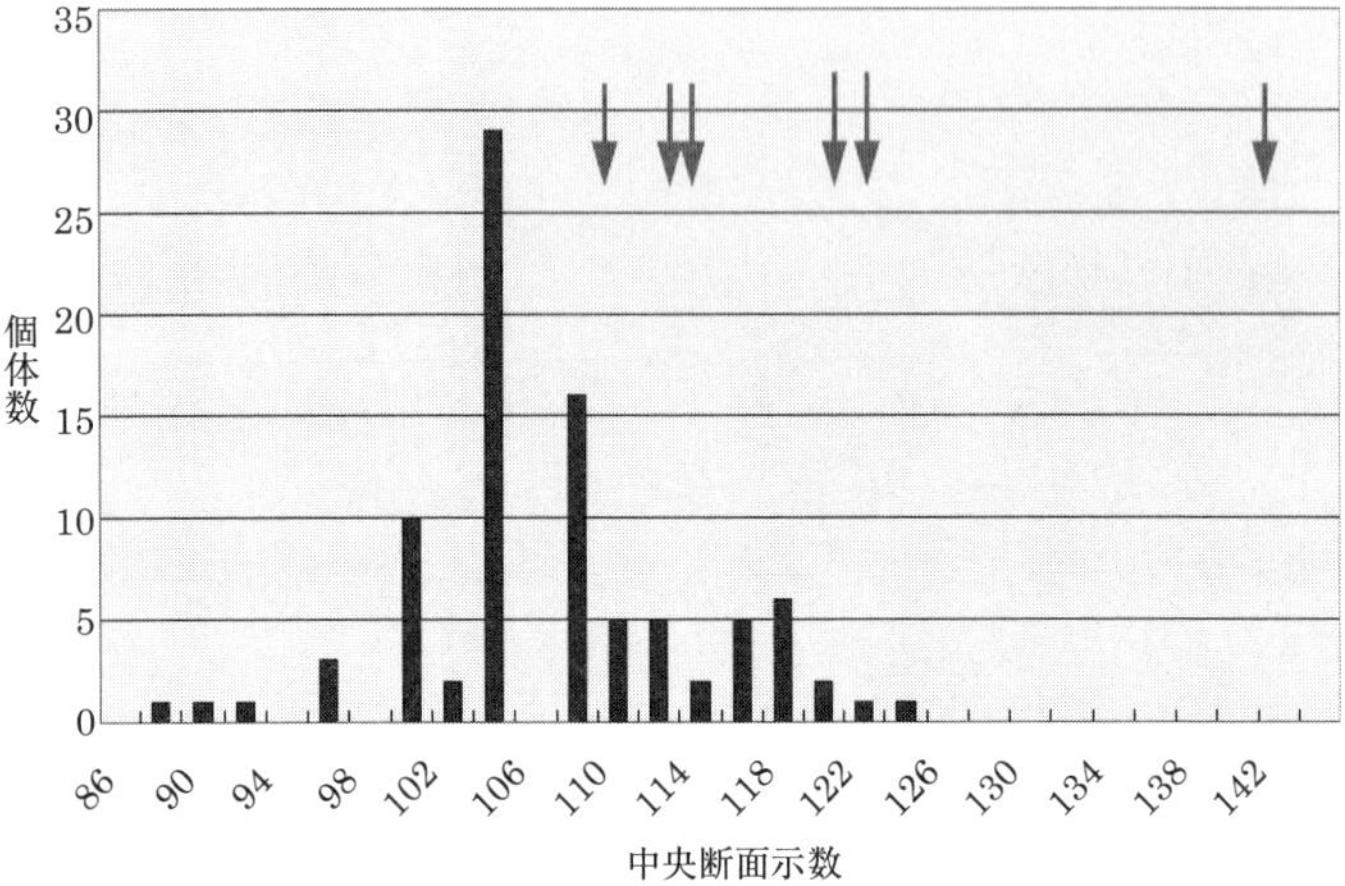

図21　大腿骨の中央断面示数（女性）（縄文後半期の人々と上黒岩〈矢印〉）

き回るような、脚への強い負担のかかる生活を営んでいた様子が浮かんでこよう。それはまた子どもについても同様のようで、図22は、一緒に上黒岩人骨の整理をしてくれた岡崎健治による、すねの脛骨《けいこつ》断面示数（左右幅を前後径で割った値＝小さいほど扁平性が強い）の年齢変化を示したものである。一般的に縄文人では大腿骨だけではなく脛骨でもその前後径が大きくて左右幅の小さな扁平脛骨と呼ばれる断面の持ち主が多い。歩いたり走ったりするとき、ふくらはぎの筋肉は脛骨を後ろに折り曲げるように働くが、前後に厚みのある骨体はそうした運動に対して効率よく対応する形状になっているわけである。この図をみると、幼少期には現代人ともさほど違いを見せていないのに、一三歳くらいになると、その断面示数が大きく落ち込んでいる様子が見て取れる。上黒岩ではおそらく子どもたちも、遅くとも思春期くらいになると父母と共に狩猟採集活動の一部に参加していたのかもしれない。

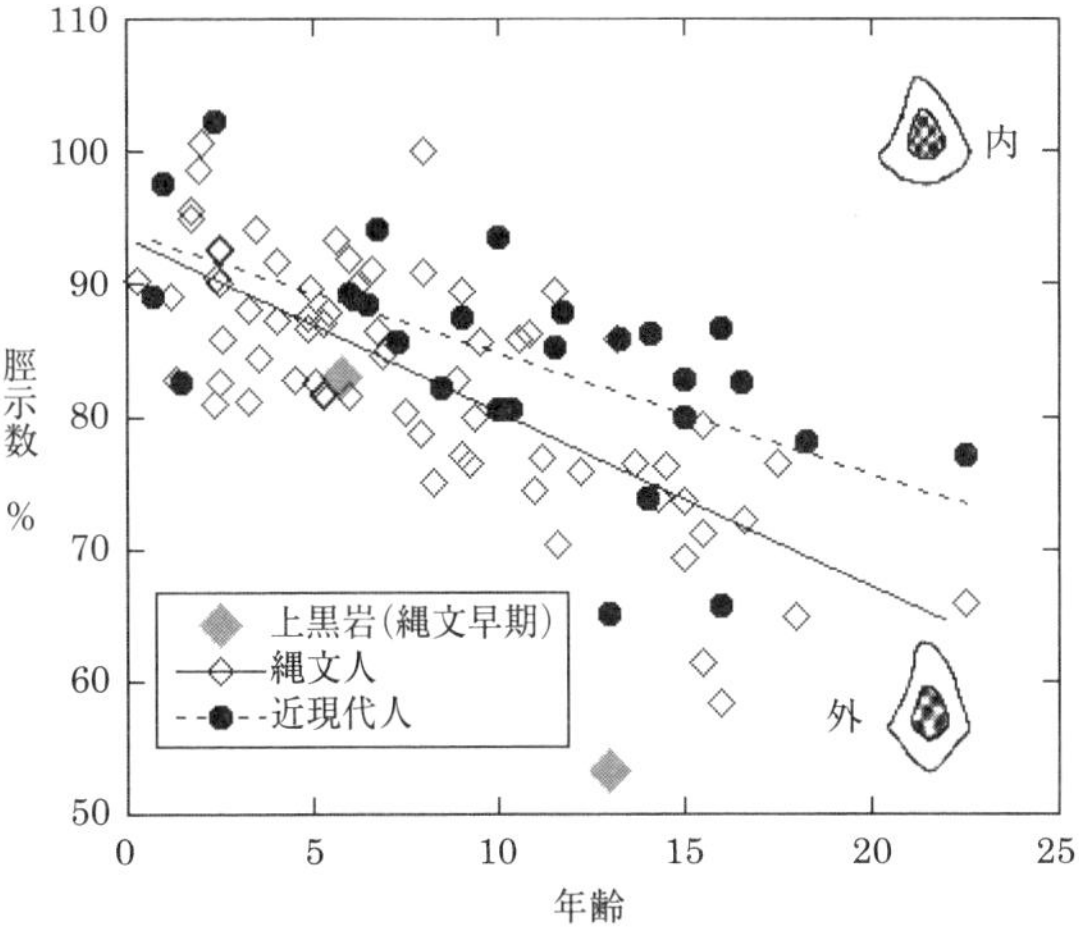

図22　脛骨断面形の成長変化（岡崎・中橋，2008）

傷んだ背骨

険しい山野に暮らした彼らの生活行動は、四肢骨だけではなく、背骨にも大きな負担を強いていたようだ。図23は比較的若い女性（二〇代後半）の第四・五腰椎《ようつい》であるが、特に第五腰椎の上縁部を見ると、その角の部分が変な丸みを帯び、不整な増殖部が椎体から垂れ落ちるような形で張り出している。その上の第四腰椎の下縁部も棘《とげ》だった増殖骨で縁取りされたように変形しているのが見て取れよう。背骨の椎体は加齢と共にしばしば不整な骨増殖を起こすが、この女性の場合は推定年齢からみて単なる加齢による変

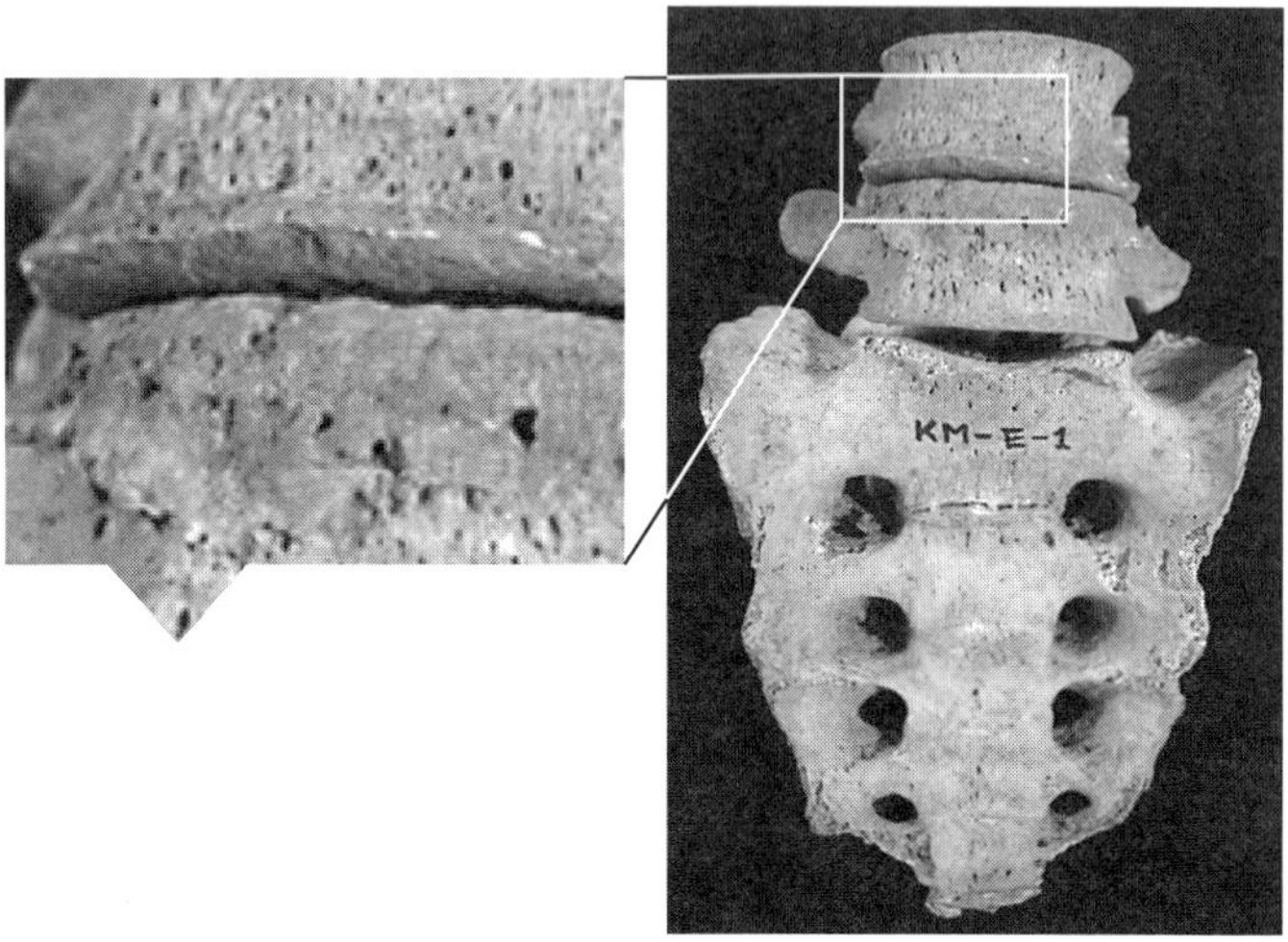

図23　上黒岩・若い女性の腰椎に見られた病変（新潟大学「小片コレクション」）

化とはみなし難い。おそらく腰部に何か強い圧力や屈曲を強いるような行為の蓄積によって起きた変化と考えるのが妥当であろう。

　上黒岩では他にも、第二腰椎が上下に押しつぶされたように癒合《ゆごう》した熟年の男性が確認されたし、別の女性では首の頸《けい》椎《つい》にも著しい棘状の骨増殖が観察され、背骨全体が似たような不整な骨増殖を起こしている事例も見い出された。個体数が少ないので、他集団と比べてその頻度の多寡を比較することは難しいが、やはり異常といってもよいほどの罹患状況である。どういう生活行動からこのような疾患が生み出されたのか、その具体像は想像するしかないが、奥深い山中のほとんど平坦な土地のない当地の環境からみて、日常的に食料を求めて山に入ったり、時には重い荷を背負って険しい斜面を上り下りする行動が彼らの背骨にも大きな負担を強いていたことだけは確かであろう。

上黒岩人のプロポーション

上黒岩人の体つきでもう一つ目につくのは、手足のプロポーションの現代人との違いだ。周知のように現代日本人は周辺の多くの東アジア人と同様、世界的に見ればかなり胴長短足傾向が強い部類に入る。これは上肢なら肘《ひじ》から先、下肢なら膝《ひざ》から下の部分が、各々上腕や大腿に比べて相対的に短いという、一般的にはあまり歓迎されない特徴を持っているためである。明治以降の急速な身長の伸びによってスタイルの良い若者が増えたのは事実だが、その身長の伸びもこの一〇〜二〇年の間にどうやら頭打ちになったようだし、集団として見た場合、欧米やアフリカの人々に比べればまだまだ手足のプロポーションの違いは明らかである。旅行先のヨーロッパなどで服を買おうとして、肩幅や腰回りはぴったりなのに、袖やズボンの長さがまるで合わないという情けない経験をした人もいるはずだ。しかし、一般的に縄文人は、同じ日本列島の住人なのに、なぜかこの前腕／上腕、下腿／大腿の比率が、まさに欧米人並に高く、上黒岩でも同様の傾向が確認された。

なぜそんな違いがあったのだろうか。こうした四肢遠位部（前腕や下腿）の比率は、その人が住む地域の気温など自然環境とかなり相関することが知られている。例えば暑い地域に住む人々は、熱射病などにならないように体熱をできるだけ効率よく発散させる必要があるが、そのためには細い胴体に長い四肢をもった体型の方が有利である。活動によって発生した体熱は主に発汗による気化熱によって皮膚から放散されるので、体表のかなりの部分を占める四肢をできるだけ長くして体重当たりの体表面積を大きくすれば、より効果的な体温調整が可能になる。アフリカのサバンナ地帯に住むマサイ族などはその典型例で、彼らは長い手足に加えて、細い腰、つまりは体積の小さな細い胴体によってさらに効率を上げた体型を実現しているのである。

その対極にあるのが、大陸北辺に住むエスキモーなどに見られる胴長短足の体型である。こちらの環境では逆に、できるだけ体熱を外に逃がさない工夫が必要で、そのためには太い胴体に短い四肢を付けておけば調整に有利だろう。特に凍傷になりやすい四肢末端部はできるだけ体幹に近いほど暖かい血液を送りやすくなるわけで、あまりありがたくないかも知れないが、鼻が低くて両頰の間に埋まったような扁平な顔つきになっているのも、こうした寒冷適応の結果と考えられている。烈風の吹き荒れる零下何十度の酷寒の地でぱっちり見開いたドングリ眼がどうなるか、日本人にも多いスリットのような細い目、腫れぼったいまぶたの持ち主も、先祖が長い年月をかけて獲得した適応形態だと理解すれば少しは親をうらむ気持ちが薄れる（?）かもしれない。

へら状骨器で刺された女性

最後に、上黒岩人骨を学史上、有名にしていた受傷人骨について触れておかねばならない。「受傷人骨」と書けば、なにやら戦いで傷ついたり殺された人の遺骨をイメージするかもしれないが、実際、上黒岩の岩陰からは、縄文時代の最古の殺傷例などと紹介されてきた人骨が発見されている。一九六九年（昭和四十五）の発掘によって、骨盤を形成する右の寛骨《かんこつ》に鹿の骨で作られた一〇センチ近いへら状骨器が突き刺さったままの状態（図24）で出土したのである。この墓はいわゆる再葬墓で、六〇センチくらいの円形の墓穴に計三体分の人骨（成人二体、幼児一体）が頭骨を一番下層にしてぎっしり詰め込まれ、一番上に置かれた右寛骨の内側面から右記の骨器が先端を上に三センチほど突き出した状態で発見された。刺された当時の姿勢はわからないが、仮にまっすぐ立った姿勢での骨盤の位置関係でいうと、外側後方からわずかに先端を下に向けた角度で刺されたものである（図25）。

寛骨後面の刺入部はほぼこの骨器の形に沿った半円状の滑らかな創縁《そうえん》をみせ、反対側の刃先が突き破った寛骨内面では一部の小さな骨片が欠落してやや不整な創縁になっていた（図29）。射入口より射出口の方が破壊、変形が著しい点は、例えば弾丸が打ち込まれた場合でもそうなるし、通常の刺し傷のあり方と矛盾しない。また、受傷部は骨の厚みが四、

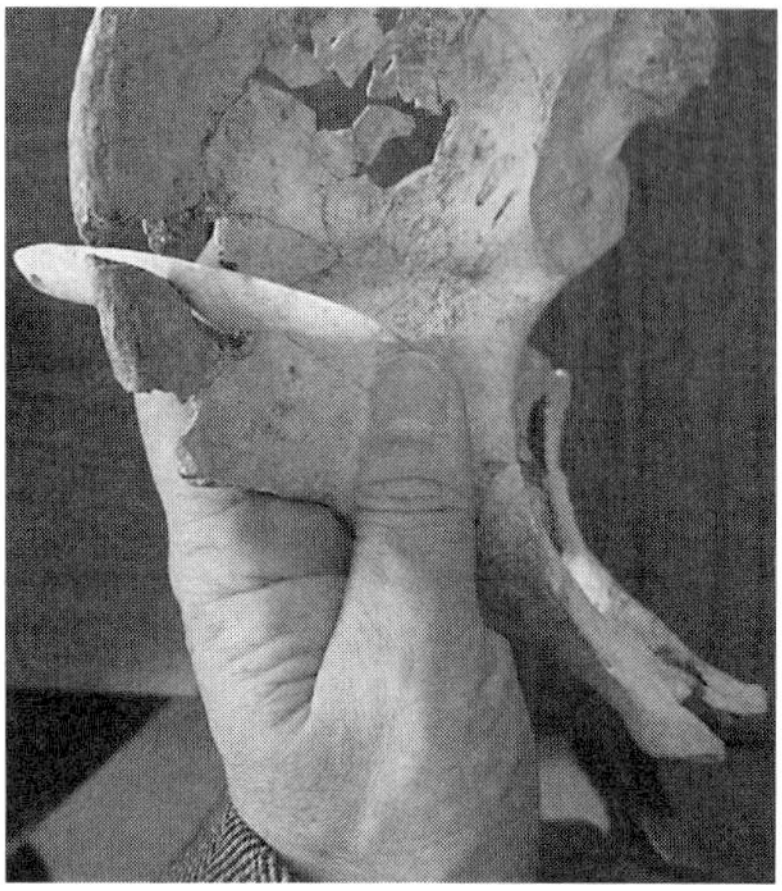

図25　上黒岩・受傷寛骨（新潟大学「小片コレクション」）

図24　上黒岩・骨角器が刺さった人骨の出土状況（久万高原町教育委員会提供）

五ミリほどあるが、このような部分に曲線状の滑らかな創縁を形成することは、死後かなり時間が経って有機質が抜けた脆《もろ》い骨ではまず不可能であり、再葬やあるいは発掘時に誤って付けられた傷ではないことが明らかである。さらにまた、生前にこうした創を受けてしばらくでも生き延びた場合は骨に治癒の痕跡が見られるのだが、この寛骨にはそうした生体反応は確認できないので、おそらく受傷後、短時日のうちに亡くなったのであろう。骨盤内で最も太い腸骨動脈《ちょうこつどうみゃく》の走行路からは外れているが、密に分布している他のいずれかの血管を破って失血したり、あるいは菌の繁殖を招いて数日後に命を失った可能性が高い。

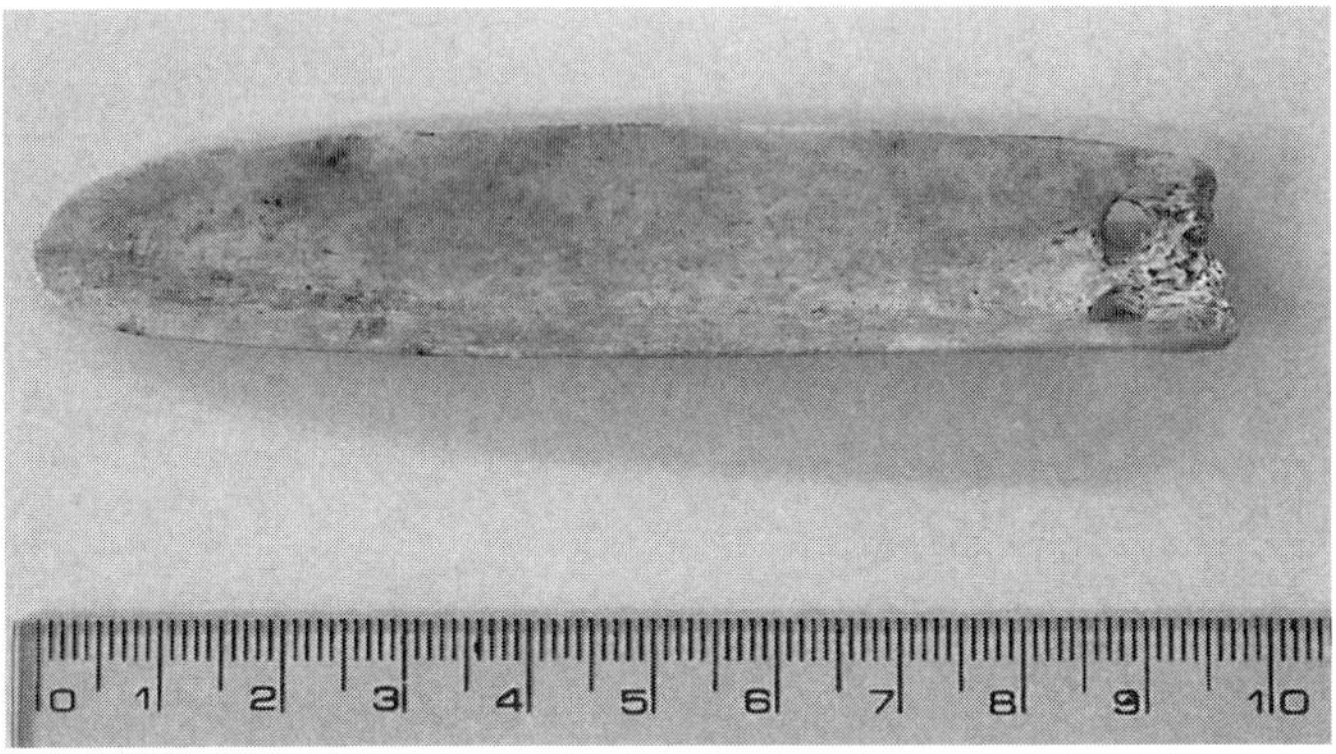

図26　上黒岩・へら状骨器（久万高原町教育委員会所蔵）

刺さっていた「へら状骨器」（図26）というのは、鹿の中足骨《ちゅうそっこつ》（人間でいえば足の甲の骨）を加工したもので、先端をU字型の丸ノミ状に鋭利に磨いたものである。基部側の断端近くには約三《ミ》《リ》の穴が二つ空けられており、おそらくこの穴に紐を通して木製の柄に装着し、槍のように使われていたのであろう。あるいは、骨で作った槍先が壊れもせず人体に深々と突き刺さったりするものか、と疑問に思われるかも知れない。確かに鉄や青銅などの金属製利器に比べると鋭利さや耐久性等では及ばないにしろ、例えば実際に骨の鏃《やじり》を使った実験結果からすると、比較的近距離から射れば相当な貫通力を備えていることが明らかになっている。この上黒岩の骨器も、鏃として使ったのなら比較的近距離から、また槍先ならば矢よりも重い木製の柄を付けた状態で刺したり投げつけたりした結果だとすれば、十分貫通する威力を持っていたはずである。また、弾丸でさえ人体に打ち込まれた場合は先端が潰れたように変形する場合が多いし、後述の弥生時代の人体に打ち込まれた鏃や剣先でも潰れたり折れたりしていることが多いが、有機質を含んだ骨製品は粘性があるし、刺さった場所がお尻で最も厚い大殿筋《だいでんきん》の位置ではなく、もう少し上外側にずれた中殿筋起始部辺りの、筋層がかなり薄い部分だったことも、この骨器がほぼ完形のまま突き刺さった一因であろう。

再葬行為

さて、およそ四〇年前の発掘当初の鑑定では、後ろから腰を刺されたこの人物は、壮年の男性とされていた。右記のように戦いに関連づけたイメージで紹介されたりしたのも、男性ということが大いに影響したものと考えられるが、今回改めて調べた結果、いわゆる出産痕まで備えた女性の寛骨であることがわかった。女性となると、当然話が変わってくる。戦いというよりは単なる事故か、いつの世にもある男女間のトラブル等のもめ事の帰結と見るのが自然だろう。

なぜ当初は男性とされたのか、鑑定が混乱した一因は、上黒岩縄文人の再葬行為にある。上黒岩では、右記のように一端埋葬した遺体をもう一度掘り返し、改めてこの岩陰の一角に寄せ集めたような形で再埋葬している例が多く見られた。問題の寛骨も、計三体分の骨(成人男女と幼児)が混ざり合った中に含まれていたものであった(図24)。なにしろ、各部位がばらばらに重なっているので、発掘時には何体分が含まれているのかもよくわからなかったろう。整理してみると三体分あることはわかったものの、このうち一体は子どもなので識別は簡単だが、残る成人二体についてはどの頭とどの手足を組み合わせればいいのか、保存状態の悪い部分も多くてなかなか悩ましい作業になったに違いない。

余談だが、どういうめぐり合わせか、私が三〇年以上前に初めて参加した発掘調査で出会ったのも、これとよく似た縄文時代の再葬墓であった。広島県の山中にある帝釈《たいしやく》峡《きよう》遺跡群の一つ、猿神《さるがみ》岩陰遺跡というのがそれで、国の史跡にもなっている有名な寄倉《よせくら》遺跡から五〇㍍《メートル》ほど離れた小さな岩陰で発見された埋葬墓である。医学部の助手になって間もないころの、なにしろ初めての発掘であり、年下の、しかし発掘経験ではずっと先輩の大学院生にいわれるままに怖わごわ掘っていたのだが、途中でふと目の下の骨が記憶にある人体骨格のつながりに合わない位置関係で並んでいることに気づいた。腕と脚の骨が一緒に束ねられていたり、大腿骨のすぐ横から顎の一部が顔を覗かせているのだ。しかも、近くにもう一つの顎が見えており、両者はどう見ても大人と子どもである。迂闊《うかつ》といえば迂闊なことだが、そこまで確認して、やっとこれが複数個体を一緒にまとめて埋めた再葬墓だということに気づいた。

その後の研究室での整理で、結局成人男女と子どもが三人という、どうやら五人家族のような組み合わせで、しかも、すぐ隣にあった別の墓穴（図27のC）の底から出土した頭

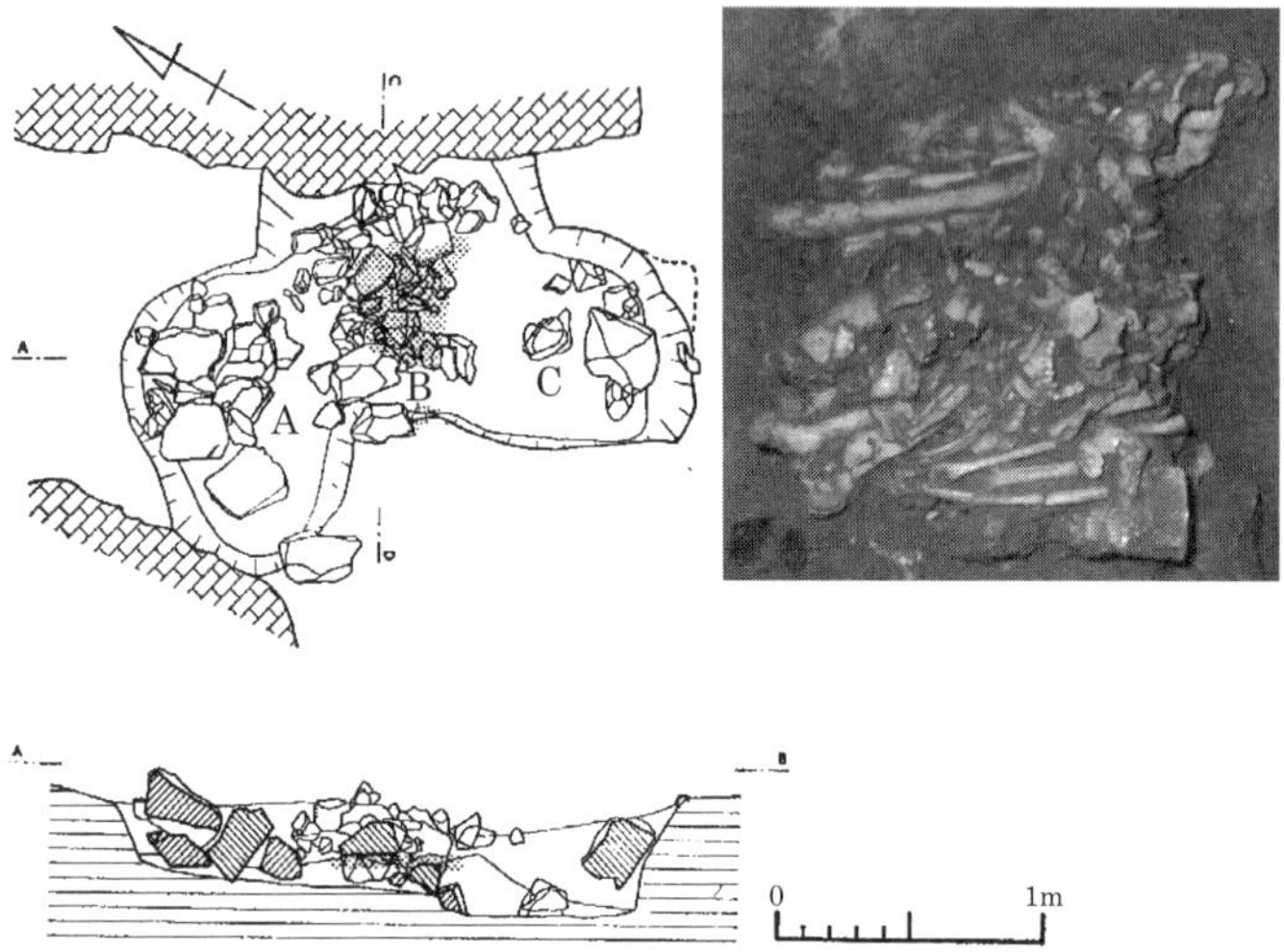

帝釈猿神岩陰遺跡墓坑実測図（アミ目は人骨出土位置）

図27　帝釈峡猿神岩陰遺跡の二次葬墓（川越，1978）

骨片が、この再葬墓にあった壊れた頭骨に接合する事実も浮かんできた。つまり、最初はその隣の墓（C号）に埋められていた人物の骨を回収して、この再葬墓（図27のB）に埋め直していたことが確認されたのである。実は猿神の狭い岩陰にはもう一つ、反対側にも別の墓穴が検出されており（図27のA）、そこには人骨片が残っていなかったが、全体を見渡すと、おそらくこれら両脇の墓から遺骨を掘り出して、真ん中に寄せ集めるように埋め直したものと推測される。骨の一部に、当時としては貴重品だったはずの赤色顔料がこびりついていたし、サルボウという大きな淡水産二枚貝で作られた腕輪も一緒に出土しており、何やらただの家族でもなさそうな、いろいろと想像をかき立てられる状況が浮かんできた。

上黒岩では、こうした埋め直しの具体的な状況はよくわからなかったようだが、実は他にも多くの縄文遺跡で似たような再葬墓が検出されており、中には「盤状集積墓」と呼ばれる、長い四肢骨で丹念に四辺を形作った中に頭や体幹の骨を積み重ねたような凝った事例も報告されている。帝釈峡で発掘した時も、また今回の上黒岩の骨を整理している時も繰り返し思ったことなのだが、そもそも彼ら縄文時代の人々はなぜこんな面倒な埋葬行為をとったのだろうか。単に墓が混み合ったために寄せ集めたこともあったかも知れないが、右記の猿神岩陰遺跡のように、他に遺体を埋める場所がないわけでもなく、わざわざ隣の墓を空にしてまで五人分もの骨を一緒に集めて再埋葬している状況は、やはり何らかの意図、思いを込めてなされた埋葬行為と捉えるのが自然だろう。もとより、人の死に際しては世界各地で時には奇妙にも、あるいは残酷にも思えるような様々な習俗が実行されており、その意味づけもまた多様である。これまで縄文時代の埋葬習俗についても様々な角度から分析され、議論がかわされてきたが、当然のことながらその精神世界にまで踏み込んだ解釈には容易に手の届かない闇の部分が残る。上黒岩や帝釈峡縄文人についても、こうした再葬行為に彼らが当時どういう意味、意義を付していたのか、正確なところは知る由もないが、少なくとも後に残された遺族や仲間たちの胸にあった、死者に対する痛切な思いの一端だけは漏れ伝わってくるような気がする。

男性か女性か

さて、上黒岩の再葬墓に含まれていた人骨だが、当初の鑑定は男性二体、幼児一体というもので、今回の再整理の結果、この成人男性の内の一体が女性に変更されることになった。じっさい、これら二個の頭骨だけを見せられれば、男女どちらなのか迷うところがないでもない。特に今回の鑑定で性判定が覆った頭骨は、写真だけ見ればひどくごつごつした感じで（図14の右上）、かなり紛らわしい一例かも知れない。しかし、実物を詳細に観察すると、筋付着部の発達は確かに女性としては強い方だが、全体的に写真から受けるイメージのようなたくましさはなく、逆に女性としても下限に近いほどサイズが小さいし、この頭骨に対応すると見なされる四肢骨にもそうした特徴が見て取れ、これを男性のバリエーションの中に含めるにはやはり無理がある。

どの集団にも、たくましい女性や、華奢な男性がいるはずで、特に頭骨というのは、性判定で意外にあてにならないことがわかっている。アメリカでこの道数十年の経験を積んだ専門家二人が頭骨だけで性判定を行ったところ、一〇個のうち二、三個の割合で判定が食い違ったという結果が報告されている。実際、筆者のこれまでの経験でも、こんなナヨッとしたのが男性？　こんなごつい人が女性？　という風に驚かされたことが少なからずあった。そんな時でも判定の最大の拠り所となるのは、骨盤である。単に筋付着部の発達度やサイズ等で判断するしかない頭骨や四肢とは違って、子どもを産むという女性特有の機能のおかげで、骨盤形態は人体の中でもっとも明確な性差を持っており、保存状態さえ良ければほとんど間違うことはない。

余談だが、この寛骨の特徴を縄文時代の昔から現代に至るまで追跡した高椋浩史の研究によると、前記のように身長など人体各部ではかなり大きな時代変化が起きた中で、寛骨の、それも女性の産道となる内径部だけは時代を通じて非常に安定した形状を保っていたことが明らかにされた。子どもを無事に生み育てるということが、人を含む動物の最も基本的な営みであることを考えれば、ごく自然に頷ける結果ではあるが、しかしそれにしても、どういうカラクリでこうなっているのか、長い進化の中での所産といってしまえばお終いだが、自然の営みの巧みさを改めて思い知らされる結果ではある。

ともあれ、上黒岩人骨でも、たとえ頭や四肢の組み合わせや性別がどうであろうと、この骨器の刺さった寛骨については、その形態によって女性であることがはっきり確認できた。ここで性判定について詳しく解説するスペースはないが、一つだけ客観的な判定法の一つとして、恥骨《ちこつ》の付け根の厚み（恥骨体幅）を使った結果を示しておこう（図28）。縄文人でもこの部分だけでほぼ九〇％以上の確率で性判定が可能なことがわかっている。今回

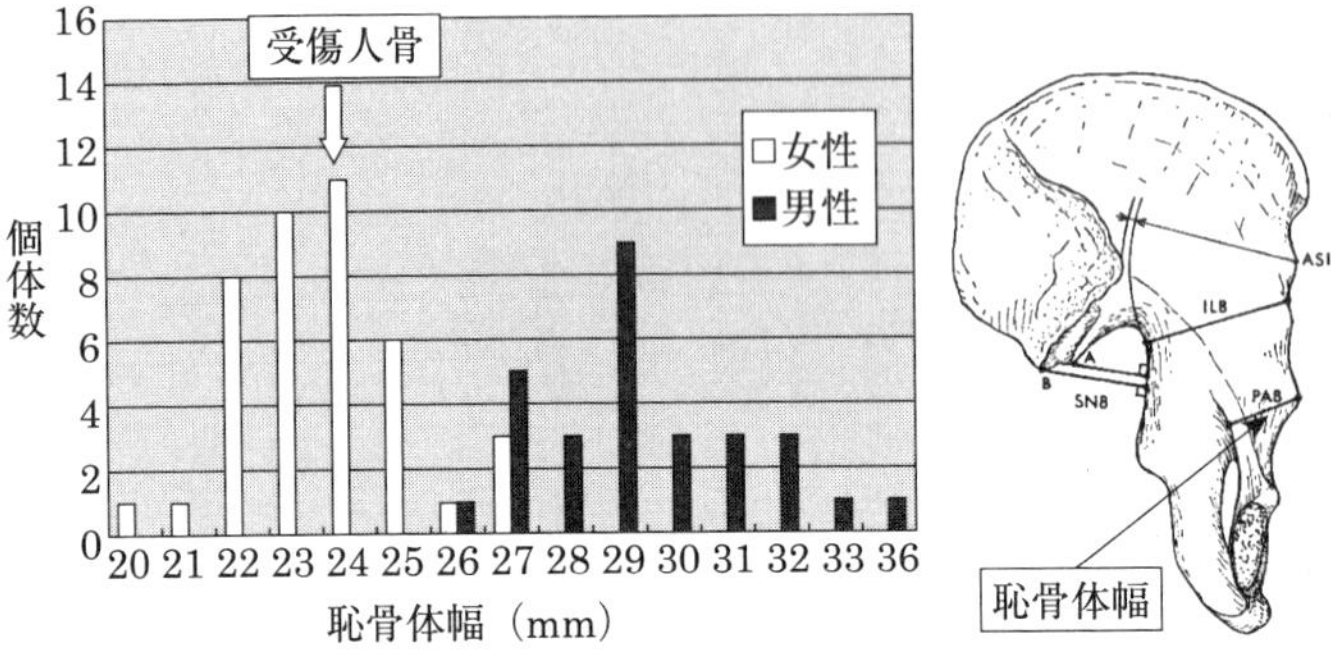

図28　上黒岩・恥骨体幅を使った6902号人骨の性判定

はこんな計測値を用いるまでもなく、恥骨の形や（男性に比べて女性は産道を大きくするため恥骨が長く、左右の恥骨が作る角度も大きい）、いわゆる出産痕といわれる明確な前《ぜん》耳《じ》状溝《じょうこう》の存在から女性であることは明らかなのだが、この図のように「恥骨体幅」もまた、女性の範疇に入っていることを示している。

いささか性判定にこだわりすぎと感じられるかも知れないが、もやもやした遙か昔の人々の姿形やその営みを復元しようとする場合、人骨の性や年齢鑑定はもっとも基礎になる情報である。これが狂えば、さもなくても不確定要素の多い推測を積み重ねるしかないこの種の考察の土台を崩すことになり、導き出されたどのような解釈も色褪《あ》せてしまうだろう。この事例を戦いの犠牲者のようなイメージで描くのもその一例である。

性判定の件もさることながら、今回の再調査でもう一つ新たな問題が浮かび上がってきた。調査団長でもある春成秀爾が、この受傷寛骨にはへら状骨器で後ろから二回刺した痕跡があり、出産時に死亡した女性に対する儀礼的処置の可能性があるとの見解を公表したのである。新聞などでもとり上げられ、おそらく今後も縄文早期の興味深い儀礼行為の一例として喧伝される可能性が高いだろうし、識者の中には今回の再調査で人骨を担当した筆者自身がそう考えていると誤解された人もいるようなので、この機会に自分の見解を述べておきたい。

二回刺した？

図29に春成によって示された想定図と、実際の寛骨の写真を示した。筆者自身は、上黒岩調査団の報告書の中で、この図にあるB孔については触れなかった。今回の再調査において、へら状骨器をこのB孔に差し込んで、そのはまり具合などを検討したりもしたが、結局人為的な傷というよりは、再葬や発掘、整理時に受けた損壊の結果である可能性が高いと見なしたためである。

B孔にも確かにA孔と似たような曲面が見られるが、へら状骨器の曲面との適合度がA孔ほどではなく、その断面もA孔に比べてかなり不整になっていた。さらにこのB孔の辺りは腸骨翼《ちょうこつよく》の中でも特に骨が薄い部分であり、もし発掘や整理段階でいったん壊れてしまうと、破片の接着が技術的に非常に難しくなるし、破片自体が細片化して失われる可能

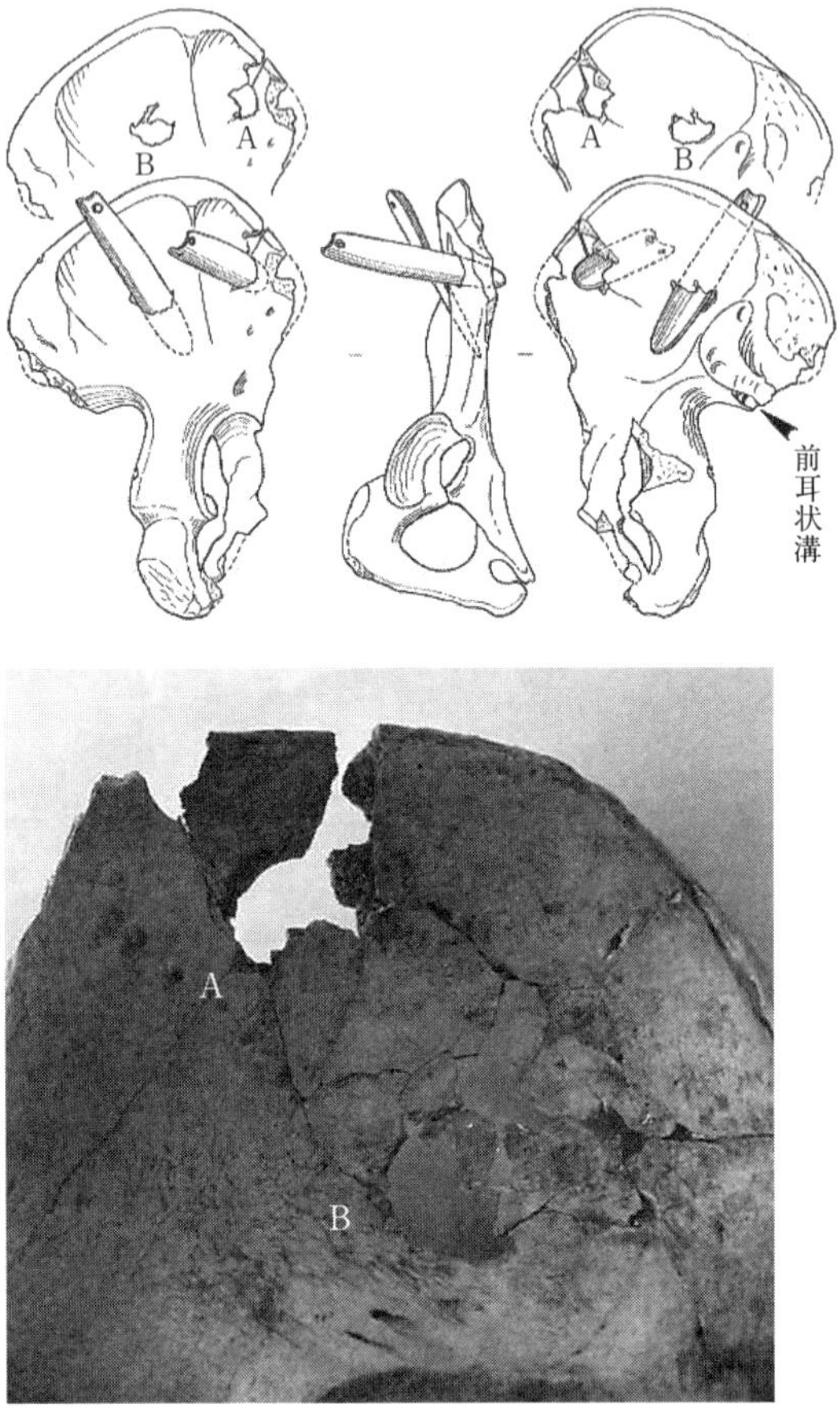

図29　上黒岩・２回刺された(?)寛骨（春成・小林, 2009）

性も高い。従ってB孔とされた欠落部も単に復元作業が及ばなかった部分である可能性が否定できないだろう。

そもそも、B孔の位置は大、中、小の厚い殿筋が三層に重なった部分であり、さらに骨盤内面でも腸腰筋《ちょうようきん》がこの辺りになるとかなり厚みを持っているので、よほど鋭利な利器でも使わない限り貫き通すのは容易ではなかろう。B孔に骨製槍先を通すと五チセンほど切っ先が突き出るかたちになるが、もしそこまで刺したとすると、約一〇チセンのこの槍先がほとんど殿筋に埋まってしまったはずで、それを引き抜いてまた刺し貫くというようなことが丸ノミ状の先端しか持たない骨製槍先に可能だったかどうか。右記のように有機質を含んだ骨器（つまり、射止めた鹿の生骨を材料にして作ったものなら）は多少の粘性、耐久性を持っていただろうが、鋭利な鉄製ナイフならともかく、形状からしてもかなりの摩擦が想定されるこの骨器が、果たしてこうした力業に無傷で耐え得たかどうか、一回でも稀な僥倖《ぎょうこう》だったと考えられるだけに、くり返しとなると、強く疑問に思わざるを得ない。

春成がこの事例を儀礼行為ではないかと考えた理由の一つに、へら状骨器が刺さったままの寛骨を再埋葬している点があげられている。単純な事故などだったら、なぜ遺体からこんな大きな利器を抜いてやらなかったのか、再埋葬の時もそのままにして埋め直したとすれば確かにやや不自然な感は否めない。ただ、受傷例が多く出土する弥生時代の例を見ると、体内に打ち込まれた石製や銅製の鏃、剣の類が、そのまま体内とおぼしき位置から出土する例が珍しくない。例えば図30は、鳥取大学の井上貴央が報告した銅鏃が同じ寛骨の似たような場所に刺さったまま出土した例である。この事例の銅鏃にはいわゆる「返

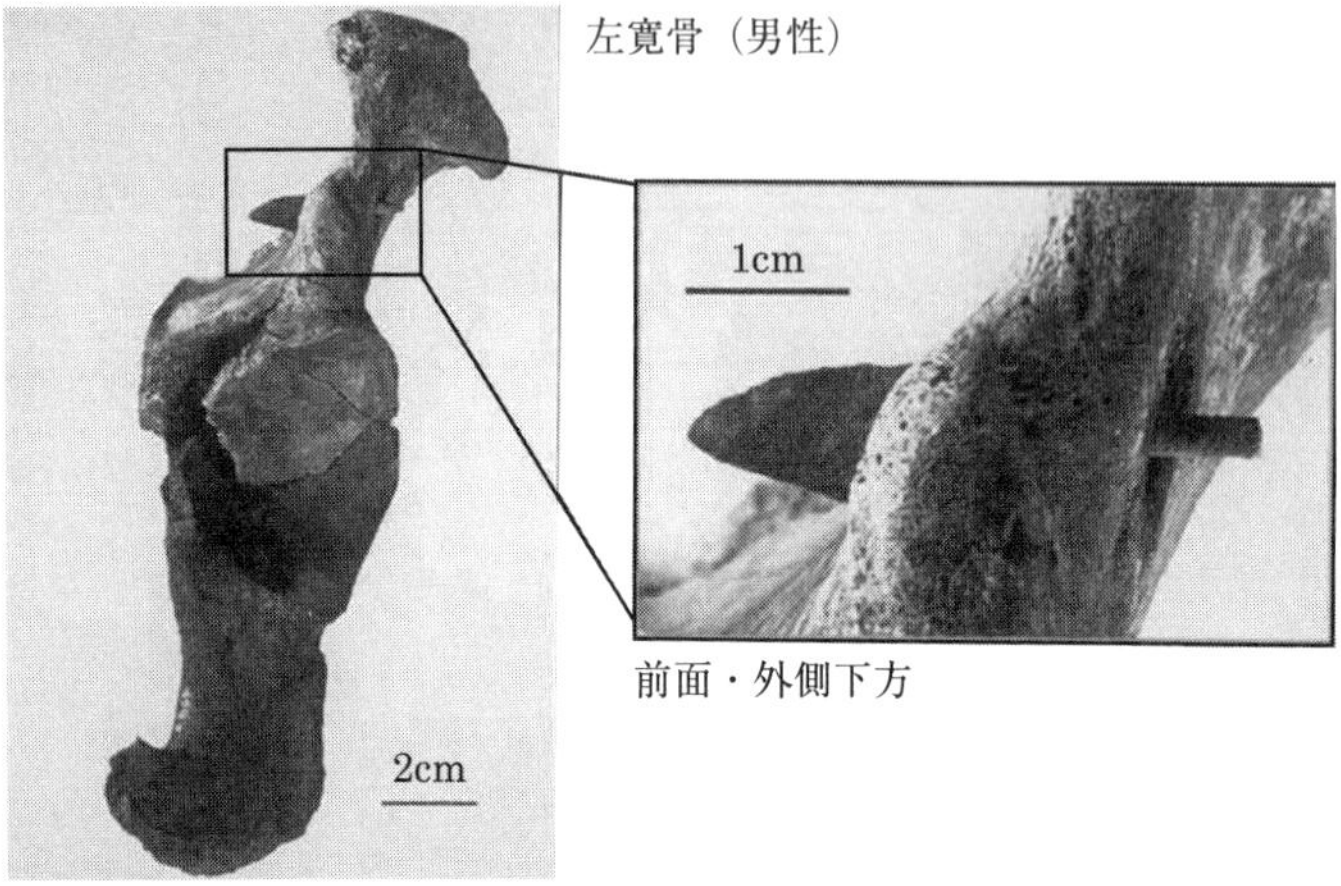

図30　青谷上寺地遺跡の銅鏃が刺さった寛骨（井上貴央提供）

し」がついているので類例としてはふさわしくないだろうが、これ程ではなくとも、一端、体内に刺さった利器を抜くのは筋肉の収縮も加わるのでそうたやすいことではなく、骨まで貫いた場合はなおさらである。また、例え初葬時には抜けなかったとしても、少なくとも骨だけになっていたはずの再葬時には抜いても良いように思えるかもしれないが、これについても現代の発掘のように刷毛《はけ》や竹べら等を使って骨をきれいに検出してから取り上げた訳ではないはずで、ほとんど土塊《どかい》の状態で移動させたとすると、同じ骨製だけに槍先との区別もつかぬまま再埋葬した可能性も十分考えられよう。

この種の問題は、実験でもして検証できればもっと明確な議論ができるのだろうが、それが難しい以上、筆者が右に述べた考えも類推の域を出ないといわれるかもしれない。ただ、実際に弥生時代などの多くの受傷例に接し、日常的に骨の修復をやってきた経験からもB孔を受傷に因る傷とする蓋然性は薄いと判断し、右記のような結論に至った。報告書をまとめる段階でB孔にも触れて持論を詳しく書いておくべきだったかも知れないが、事前の打ち合わせが不十分で、結果的に識者には迷惑な混乱を与えたことは反省しなければと思っている。ただ、少々居直り気味の話で恐縮だが、どの分野でも同一事象に異論が寄せられることは珍しくなく、それ自体はむしろ健全な研究のあり方ともいえるし、大いに異なった意見がぶつかり合った方がより真実に近づく確率も増すだろう。春成によると、上黒岩で使われたへら状骨器は、装身具ならともかくも槍先や鏃として使われた類例は世界的にもほとんど見当たらないそうである。とすると今後、似たような例が追加されてこの問題を検証できる機会がくることは望み薄かもしれないが、例えば筆者が参考にしたような他の時代の受傷例などがさらに充実していけば自ずと見えてくる部分もあろうかと思う。

高知県居徳遺跡の受傷人骨

いささか傷の問題にこだわりすぎているように思われるかも知れないが、筆者がこの上黒岩の事例に特に注目した背景には、その数年前に手がけた居徳《いとく》遺跡での経験が伏線になっている。時代が大きく後世に飛んでしまうが、ここで高知県の居徳遺跡から出土した縄文晩期の人骨群に触れておきたい。内容は異なるが、やはりどう判断していいのかわからない特殊な傷を持った人骨例である。

不可解な傷

もともと高知県は古人骨の出土が少なく、過去の住民の姿がよくわからない地域の一つになっていた。特に縄文人骨ともなれば後期の宿毛《すくも》貝塚から出土した例が記録されているだけで、その特徴も不明のままだ。太平洋に面した当地は、瀬戸内を介した交流だけではなく、黒潮の流れる太平洋を舞台とした文化的、人的な交流も見逃せず、その地の先史住人にどのような地域性、時代性が見られるのか、人類学的にも興味ある課題である。そんな中、ひょんなきっかけで、その待望の高知の縄文人骨に接する機会が舞い込んできた。一〇年余り前のことだが、奈良文化財研究所（奈文研）の松井章から、高知県土佐市の居徳遺跡から出土した人骨を一度見に来て欲しいという電話が掛かってきた。松井が高知県の埋蔵文化財センターから分析を依頼された獣骨の中に多数の人骨片が混ざっており、しかもその一部に矢傷らしきものがあるというのである。

遠路ながらさっそく奈良県西大寺にある奈文研を訪れると、松井はテーブル一杯に並べた骨の中から、一見して人の大腿骨《だいたいこつ》とわかる長細い骨を手にとり、その下端部近くに空いた穴を見せてくれた（図31）。膝《ひざ》関節の少し上辺りに空いたやや縦長の半月型の穴で、見ると裏側の大腿骨後面の骨まで壊して貫通している。何らかの細い利器で膝上の辺りを前上方から斜め下方に刺し貫かれたらしく、穴の周辺がめり込んだようになっていることから、まだ骨が粘性を持っていた生前の傷らしい。

傷はしかしこれだけではなかった。手渡されたこの大腿骨の反対側、つまり股関節側の骨端《こったん》近くを見ると、きれいな直線状の切れ込みが斜めに走っており（図32）、それが骨体の裏側近くまで達しているではないか。しかも、よほど鋭い刃物で切ったらしく、傷周辺の骨はほとんど壊れていない。これが例えば石器や刃の厚い斧のようなもので切られたの

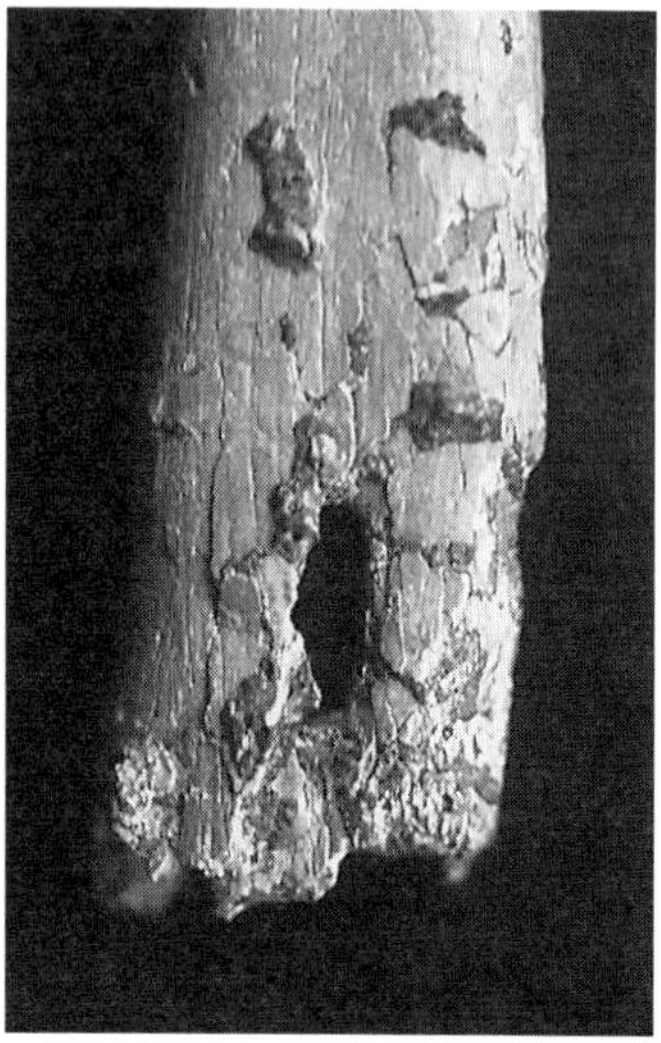

図31　居徳遺跡・大腿骨下端近くに見られた矢傷（高知県埋蔵文化財センター所蔵・奈良文化財研究所資料）

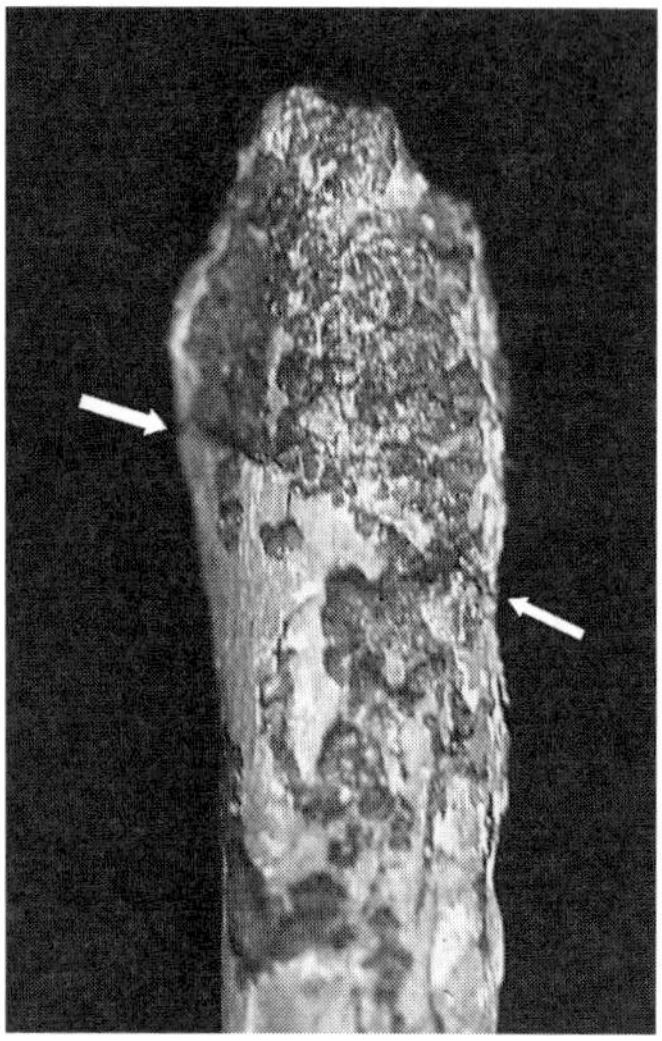

図32　居徳遺跡・矢傷と同じ大腿骨の股関節近くに付けられた切傷（高知県埋蔵文化財センター所蔵・奈良文化財研究所資料）

なら、傷周辺がもっとめり込んだように変形するはずだし、一見しただけでは見逃しそうな程にぴったりと傷口が閉じることもあるまい。

さらに気になったのは、その傷の場所である。内股の付け根近くの厚い筋肉が何層も重なっている箇所で、そこに大腿骨にまで達する、しかもほとんど離断寸前まで刃を入れるというのは、たとえ切れ味鋭い日本刀で切りつけたとしても容易ではなかろう。刃は太股《ふともも》の内側から外側に向けて入っているが、そもそも、どういう姿勢をとればこんな箇所に切り込めるのだろうか。大股開きで逆立ちでもしていたのだろうか。見ると机上に並べられた別個体の大腿骨にも、どんな利器で付けたのか、今度は骨体長軸に直角方向に繰り返し同じような傷が並んでいる（図33）。他のまだ土まみれの破片にも、調べればまた何か見つかるかも知れない。

戦争か単なる喧嘩か

九州にいた私の耳には届いていなかったのだが、実はその時すでにこの居徳の受傷例は松井によって記者発表され、大きな話題になっていたらしい。その新聞記事で強調されていたのは、居徳の受傷人骨群が「縄文時代にも戦争があった証拠」ではないかという点であった。確かにそうなると、単なる傷云々の話ではすまなくなる。「戦争」についての従来の有力な見解は、農耕が始まった弥生時代以降の社会現象だというものであった。農耕により定住して人口も急増し、やがては限られた資源をめぐって土地争い、水争いな

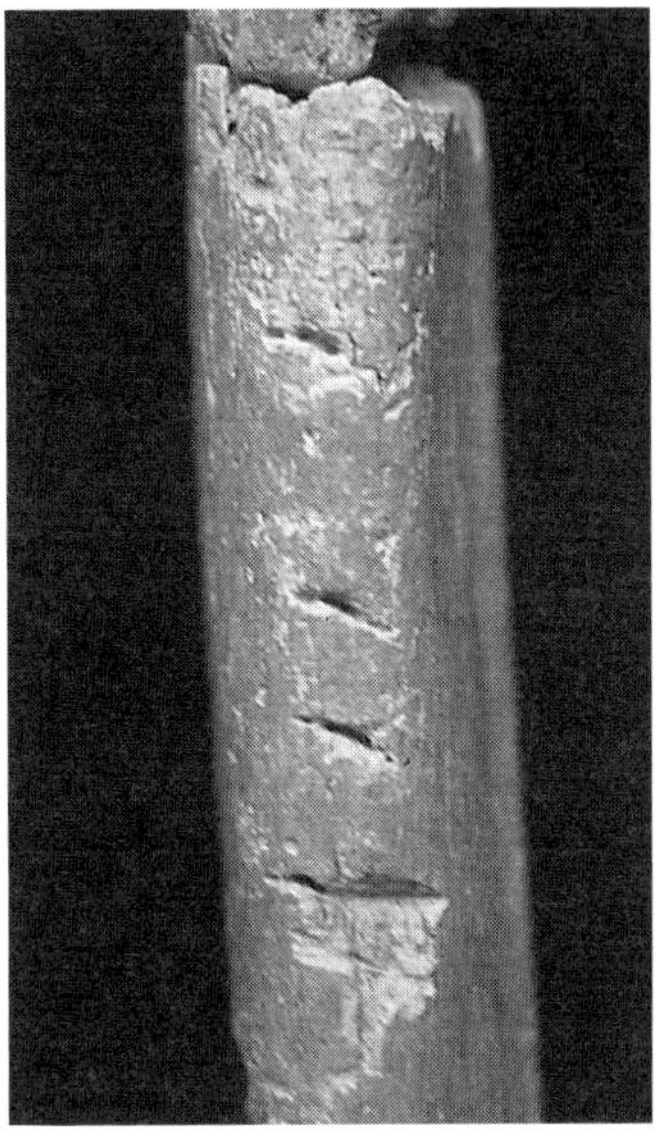

図33　居徳遺跡・別個体の大腿骨に見られた刺突痕と切傷
（高知県埋蔵文化財センター所蔵・奈良文化財研究所資料）

ども増える中、有力な首長のもとへの結束と地域間の緊張、摩擦が強まり、ついには集団間の闘争、つまりは「戦争」が起きるようになったのではないか。土地への執着が農耕民ほどは強くない狩猟採集を主生業としている縄文人社会では、従って多くの人々が命をかけて殺し合う程の争い、つまり戦争はほとんど無かっただろうというのである。

いつの時代にも争いはあり、時には殺人が起きることもあったろう。しかし、受傷人骨が見つかったからといって、そのほとんどは人社会につきもののいわば個人的な喧嘩の類で、なかなか「戦争」とまでいえる状況にはならない。「戦争」という言葉の定義は学問領域によって多少の違いはあるが、少なくとも集団間の戦いを指すということでは専門家たちの意見は一致している。なぜそんなことにこだわるのか、不思議に思われるかも知れないが、なにも言葉遊びをしているわけではないし、戦争オタクの勝手な議論でもない。後述のように発掘情報から「戦争」を証するには、他にも武器類や防御施設の存在などいくつかの条件が揃う必要性が指摘されているが、争いは人間社会に付きものの現象だけに、それを表現する言葉遣いを少しでも整理しておかないと、話がかみ合わず議論が混乱してしまう。もちろん単に「集団」といっても、厳密にはその規模や内容などは多様であり、明確な線引きは難しいだろうが、「戦争」という言葉に不十分ながらもそういう意味づけをすることによって、様々な戦いの様相を自ずとその背景にある社会のあり方と結びつけて考えることになるし、それは人社会の歴史を復元する上で有効な視点にもなるはずである。つまり、「戦争」の存在は、その背景におそらくは強力なリーダーのもとに多数の人が命をかけて結束するような社会があったことを示唆し、それは例えば狩猟採集民に多く見られる緩やかな紐帯《ちゅうたい》で結ばれたバンド社会などからはかなり進化した社会組織ができていたことを意味するだろう。

余談だが、「縄文時代の戦争」の可能性を指摘したこの時の新聞報道は、図らずも当時、死の床にあった著名な考古学者の耳にも入る仕儀《しぎ》となった。その人物とは、戦争を弥生農耕社会の成立と結びつけた意見の代表者であり、かつては同じ奈文研で松井の上司でもあった佐原真である。松井は居徳を手がけるようになって、恩師でもあるこの佐原に真っ先に相談したそうだが、結局、戦争は弥生時代からとする佐原の考えとは大きく食い違ったままだったという。最後に佐原を見舞った時もこの居徳の件に話が及び、「あなたがマスコミに発表したことを、自分の論文で証明していくことが、あなたの学問的生命にかかわってきます。がんばってください」といわれたそうだ。松井はただ黙って、目を伏せたまま病室を後にしたという。

少し話がずれてしまったが、この居徳の受傷人骨群が果たして縄文時代の「戦争」に因るものかどうか、これは少し時間をかけて詳細に調べる必要があるだろうということで、後日、これらの人骨群を九州大学の私の研究室まで運んでもらうことにした。

犠牲者の数は？

右記の話でもわかるように、「戦争」か否かということでまず確認しておきたいのは、いったいこれらの破片には何個体の骨が含まれているのかという点である。結局、破片の数は全部で二五個あったが、頭蓋片が二個と歯が二本含まれる他は、全て大腿骨を中心とする四肢骨の破片で占められていた。同じ個体の頭や足の骨が含まれている可能性があるので、もちろん二五体というわけではない。ただ、このようにばらばらになってしまうと、例えば上腕骨と大腿骨の破片が同一個体のものかどうかはほとんど識別不可能である。遺伝子分析の技術を使えば近年はそんなこともある程度は可能になりつつあるが、当時はまだまだ夢物語でしかなかった。そこで最も破片数の多い大腿骨を使って、その観察所見を基に最小個体数を求めてみた。例えば部位の重なる右大腿骨が二本あれば、少なくとも二個体の存在が確認できるし、それが左右一本ずつの場合でも、太さや形状に明確な違いがあれば別個体の大腿骨だと判定できるだろう。そうして検討した結果、この居徳遺跡のゴミ捨て場のような場所で土器片や食べ滓《かす》の獣骨片などと混ざりあった状態で発見された人骨は、少なくとも一〇個体の骨からなることがわかった。

可能性としては、例えば二個だけ見つかった頭蓋片もこれら大腿骨とは別個体のものかも知れないが、右記のようにその識別は難しく、一〇体というのはあくまでも確認できる最小の個体数である。それでも、骨片の数（二五個）からすると意外に多いなというのがその時の実感であった。逆にいえば、一体で二〇〇個もある骨の数からすると、失われた骨が圧倒的に多いということでもある。回収された骨の良好な遺存状態から見て、未回収の部分が土質の影響によって腐朽《ふきゅう》、消失したとは考え難く、どこか別の場所に埋められたか、遺棄されたのだろうか。それとも、破片が小さくなれば獣骨との見分けも難しくなるので、あるいはまだ遺跡からとり上げられた他の遺物の泥の中に混入したままなのだろうか。

それにまた、この中には男性だけではなく、むしろ女性の方が多く（男性三体、女性六体、性不明が一体）含まれていた点にも注意をひかれた。前述の矢傷らしき穴を持った大腿骨も、骨体の細さや筋肉の付き具合から見て女性のものであろう。つまり、多数の傷を受け、しかも通常の埋葬行為からは大きく逸脱した異常ともいえる状況に曝《さら》された成人男女が、少なくとも一〇人以上はいたというわけである。そして、その内、五個（おそらく五人）の四肢骨に人為的な傷が付けられていた。全ての暴力行為が骨に痕跡を残すわけではないことも考えれば、確かに個人的な喧嘩の類ではおさまりそうもない状況である。

松井の新聞発表をめぐって、もう一つ、専門家から異論がでた問題があった。松井は前述の大腿骨下端部に空けられた穴を、その独特の半円形の形状からシカの中足骨で作った骨鏃《こつぞく》で射られたものだろうと考えたのだが、石や金属ほど硬くない骨鏃では大腿骨を貫通するはずがないという批判があったのだという。私に骨を見て欲しいと電話してきたのも、いわば別の専門家にセカンドオピニオンを求める意味もあったようだ。

話を聞いて真っ先に思い浮かんだのが、前述の上黒岩の骨鏃による貫通例である。その時はまだ上黒岩を実見していなかったが、最古の受傷人骨例として多くの図版などで目にはしていた。条件次第だろうが、いずれにしろ骨鏃でも厚い殿筋《でんきん》ばかりか骨まで貫通するような威力があることはこの例で実証済みである。実際、前記のように動物を使った実験で、矢のスピードや距離、鏃の重さなどの条件さえ整えば、特に獣皮を貫く威力では石や金属にも劣らない威力を発揮することが確認されている。

果たして、居徳の場合ではどうだったか。厳密には同じ鏃を作って実験でもしなければ確証は得られないが、骨鏃は石や金属などに比べて硬度などでは劣るにしろ、居徳の場合、大腿骨でも膝の少し上あたりの、骨の緻密質がかなり薄い部分に当たっているので、貫通したとしても不自然ではなかろう。

「戦争」か否か

ただそうだとしても、問題は居徳のこうした受傷例を、新聞報道のように「戦争」の帰結と考えてよいのかどうかである。佐原真は、考古学の

「戦争」の定義として、右記のように「多数の殺傷をともない得る集団間の武力衝突」とし、さらに発掘情報から「戦争」を証拠立てる事実として、①守りの村＝防御集落、②武器、③殺傷人骨、④武器の副葬、⑤武器型祭器（武器の形を擬した祭り・儀式の道具）、⑥戦士・戦争場面の造形をあげている。

実際に一つの発掘現場でこれら全てを発見することは無理な注文になるだろうが、この問題を考える上で参考にはなるだろう。居徳でこれらを検証としてみると、まず、右記の骨鏃の件だが、残念ながら発掘では出土しなかった。骨鏃ばかりか、実は居徳では武器類の出土自体がほとんどないのである。また、環濠や柵などの防御設備もないし、武器型の祭器も無く、あるのは傷ついた複数の人骨だけである。暴力行為によって傷ついた人骨の存在は、右記の佐原のあげた諸事実の中でも特に重要なものだが、しかしその傷についても、北部九州の弥生人骨で多数実見してきた、おそらく「戦争」という言葉がより相応しい状況下で見つかった受傷人骨とはだいぶ様相が異なっている。北部九州ではとにかく切創や刺突《しとつ》創、あるいは陥没骨折例など、まさに肉弾戦の中でつけられたような多種多様な傷が見られる。しかもそれらは全て男性成人骨に付けられた傷であり、さらには鏃や剣、槍などの武器類が同じ遺跡から多数出土するし、吉野ヶ里《よしのがり》のような環濠や柵で防御した遺跡も珍しくない。

しかし、居徳では、はっきり武器による傷と認定できそうなのは、前述の女性大腿骨の傷（膝上の矢傷と、股関節に近い部分の切創）だけで、他の例えば図33のような、骨体に平行に並んだ多数の傷は、いったい

どういう利器が使われたのか

どういう利器で何を目的につけられたものだろうか。この大腿骨には一部に剣で切り込まれたような傷もあるが、他は刃こぼれに因るものか二股になった独特の切っ先をもった利器で繰り返し突き刺されている。このように同じ大腿部だけを狙って何度も腕を振り下ろすというのは、いつどこから襲われるかわからない戦闘中の行為としてはかなり不自然だし、そもそもこれはどういう武器（?）なのだろうか。

実は松井の観察によって、この特異な形状の突き傷が、食用にされたイノシシの上腕骨（肘《ひじ》の少し上辺り）にも多数確認された。顕微鏡を用いた詳細な観察によって、特有の刃こぼれらしき部分がみられるので、同じ利器に因る傷であることはほぼ間違いないという。また居徳では鹿角で作った工具の柄らしき物が出土しており、松井は他の遺跡での出土例から考えて、鑿《のみ》か彫刻刀のようなものを差し込んで使ったのではないかと考えている。そして、この種の柄には朝鮮半島や日本の他の例を見る限り青銅や鉄製の工具が付けられており、石器がはめられていた例はないことから、居徳でも金属器が使われていたのではないかという。

確かに、前記のような特有の刺突痕を骨の表面に多数残すには、まずそれだけの耐性が無ければならず、金属製の利器を想定できるなら理解しやすい。もちろん石器でも先端を細くして突き刺すことは可能だが、厚い筋肉からさらに骨にまで達する傷となると、おそらく二度か三度くらいで先端が欠けるか折れてしまうのではなかろうか。しかし、もし居徳で金属器が使われていたとなると、大きな問題が出てくる。最初に紹介したように、なにしろこの遺跡はＡＭＳ年代測定によって紀元前一〇〇〇年前後の縄文時代晩期とされているのである。大陸でもまだ鉄器はほとんど普及しておらず、青銅器にしても日本ではもちろん他にこんな古くまでさかのぼる例は知られていない。

しかし、居徳では他にもこれ以上に金属製武器でなければ説明し難いような傷が見つかっているのである。前記の女性大腿骨の上端近くに見られた、深い切り込みである（図32）。前述のように、この傷は周辺にさほどの損傷を与えずに大腿骨を離断寸前まで（骨体の三分の二ほど）切り込んでおり、しかも刃を抜かれた後、その傷がまたぴったり閉じている。どういう刃物だとこんな傷を付けられるだろうか。肉はともかく骨を切るのはそうたやすいことではない。筆者自身の経験では例え鋭利なメスで押し引いたとしても浅い切傷は付けられるが、骨の切断はまず無理である。ここまで切り込むには、ある程度重みのある鋭利な刃を力を込めて振り下ろす動作が必要であろう。石器でも黒曜石なら金属に勝るとも劣らぬ切れ味が期待できるだろうが、これだけ鋭利な切り口を残せるような薄くした石の刃で、内股の厚い筋肉を切り裂き、さらに離断寸前まで骨に切り込むような動作にはたして耐えられるだろうか。とはいえ、時代的に鉄器が無理なら、せめて青銅製の剣類を使ったと想定できるなら少しは理解しやすいのだが、これとても紀元前一〇〇〇年ごろに果たしてわが国まで来ていたのかどうか。

実はこの遺跡では、なぜか東北地方にみられる大洞《おおぼら》式土器や、国内ではほとんど例のない程精巧な文様で飾られた木胎漆器《もくたいしっき》、それにわが国では最古と目される木製鍬《くわ》（BC七九〇年）も出土して発掘者たちを驚かせた事実がある。この木製鍬など通常は弥生農耕集団の道具と見なされるだけに、この時代、この四国南岸の地になぜこんな物が出土するのか、漆器についても、中国江南《こうなん》とのつながりを指摘する声もあり、いずれにしろ海を介した遙か遠隔地との人や物の流通がまんざら夢物語ではない可能性をうかがわせているのである。果たして、黒潮に乗って、たまたま青銅器などの先進文化がこの地にいち早く流れ着いていたのだろうか。

いずれにしろ、こうして見てくると居徳では戦傷痕といえそうな傷は一部にとどまり、どちらかというと解体痕と見た方が理解しやすいものが多いように思える。先述の大腿骨に繰り返し付けられた傷がそうだし、別の股関節近くに見られた鋭い切り込みにしても、離断され肉もある程度剝がされた状態で付けられた傷なら、日本刀のような切れ味も必要ないだろう。

「戦争」以外の可能性は？

居徳で見つかった受傷人骨はどういう性格のものなのか、それを考える上でもう一つ見逃せない事実として、これら傷ついた人骨片が獣骨や土器のかけらなどと一緒に、いわば居徳遺跡の生活廃棄場のような場所から出土したことを思いだす必要がある。混在していたシカやイノシシの骨はいうまでも無く食物残滓《ざんし》で、もちろん人骨も含めていずれも埋葬されたものではない。右記の不審な傷のあり方に加え、こうした出土状況を思い合わせると、あまり考えたくはないのだが、ある一つの可能性も検討する必要が出てくるように思う。それは、世界各地で多数の事例が知られている食人の痕跡ではないかということである。

食人というと極めて異常なおぞましい行為と聞こえるだろうが、このいわば究極の蛮行がなぜなされたのか、その動機は様々である。多いのはおそらく餓死から免れるための緊急避難的なもので、例えば今では世界的な観光地になっているイースター島でのモアイ像建設にも絡んだ環境破壊に因る飢餓の際や、一九世紀始めに起きたフランス海軍メデュース号の海難事故、あるいは日本でも過去の飢饉時や戦国時代の籠城時など多くの事例が伝えられている。それはまた、古い非文明社会特有の現象などではなく、近現代でも例えば戦中のレニングラードや知床《しれとこ》で起きたいわゆるヒカリゴケ事件、あるいはニューギニア島や大岡昇平の小説『野火』に描かれたようなルソン島などでの事例があるし、特に一九七二年に雪のアンデス山中に墜落したウルグアイ航空機五七一便の乗客一六名が七二日後に生還した例は、後にイギリスの作家ピアズ・ポール・リード（Piers Paul Read）によって『遭難者』というノンフィクションにまとめられ、映画化もされたのでご存知の方も多いだろう。餓死寸前にまで追い込まれた時に自分がどういう行為に走るのか、誰しもそんな極限状態に陥るまで予測などつけようもあるまい。

しかし、単に飢えだけが人をしてこの究極の行為に走らせるわけではないようだ。今のところ食人が明らかにされた最古の例と報じられた数十万年前にさかのぼるスペイン・アタプエルカ（グラン・ドリナ遺跡、ホモ・アンテセゾール）では、シカやイノシシ、サイなどの狩猟で得た動物の骨と一緒にバラバラに砕かれた人骨が複数の堆積層から出土し、食人が長期にわたって断続的に行われていたとの意見が出された。彼らはかなり豊富な動物相をもつ環境下に生きていたと考えられることから、単に飢餓時の非常手段というのではなく、おそらく敵対する相手の特に子どもや若年者を対象にこうした行為が半ば慣習化していたのではとの見解が公表されている。その是非はともかく、この行為はしかし必ずしも敵への憎悪だけではなく罪人への刑罰のためとか、むしろ敵の勇気を吸収したり超人化するため、さらには敵ではなく仲間の死を悼んで、いわば愛情ゆえの儀礼的行為すら知られている。南米ペルーのカパナワ族は亡くなった肉親の体が地中で腐朽していくのが耐えられずにこの行為に走ったと伝えられるし、かつて食人族の住む地域として恐れられたボルネオやニューギニアでも、敵対する相手を対象にする場合もあれば、死んだ同胞を悼んでその肉を口にする部族の存在も報告されている。かつて肉親の遺骨を口にすることもあったというわが国の「骨嚙み」もこの類であろうか。

いずれにしろ、この食人行為については常にその真偽や要因解釈に異論がつきものだが、目撃談や風説などではなく、理化学的な手法によりその事実が確認された事例がある。例えばニューギニア島の高地に住むフォア族で、第二次世界大戦が終わって間もない一九五〇年代に、「クールー病」という奇妙な全身痙攣《けいれん》を伴う風土病が発生していることが明らかになり、その後の研究によってこれが伝染性の異常タンパク（プリオン）によって引き起こされること、しかもこの病気は人の脳などを食べることによって罹患することがわかった。一般にプリオン病といわれるこの極めて致死率の高い病気は、人間の場合はクールーの他、クロイツフェルト・ヤコブ病が知られ、羊の「スクレーピー」や近年世界を騒がせた狂牛病も同類の病気である。いずれも脳神経が侵され、やがては動くことも話すこともできなくなって、確実に命まで奪われる恐ろしい病気である。厳密には悪性のタンパク

（プリオン）の作用機序《きじょ》に未解明の部分があり、今なお何らかのウイルス感染を疑う意見もあるようだが、ともあれフォア族では、同胞の死を悼んだ儀礼的行為としてその肉を食べる習慣が長年続けられていたようで、特に脳を食べる役割を担った女性や子どもが多くこの病気にかかっていたのである。一九六〇年代にオーストラリア政府の指導によって食人風習が廃れると、この病気も急速に姿を消していった。

もう一つは、二〇〇〇年のネイチャー誌に発表されて話題を呼んだ事例だが、アメリカ南西部の先史プエブロ族の遺跡から出土した人糞や調理具に人タンパクの付着が確認され、食人の事実がほぼ実証された。この地域では紀元前後から一四世紀ごろにかけての多数の遺構からバラバラに壊された人骨が出土し、以前から骨の観察所見を基に食人の可能性が指摘されて議論を呼んでいたのだが、単に二次葬であろうとするなど異論もあり、容易に決着がつかなかった。はからずも、それが新手法によって確認されたわけである。

骨による食人の検証

もちろん、単に食人といっても、右記のようにその理由の違いや地域、時代背景によって実施状況には様々な変化があるはずだが、この先史プエブロ族のような、食人行為が確認され、しかも多くの出土人骨を用いて長く検討作業が加えられてきた事例なら、ここで問題にしている居徳の例を考える上でも参考になるだろう。食人は誰しも認めたくない、目をそむけたくなる行為なだけに、厳密な検証無しに安易に口にすべきではなく、ともすると誇張、拡大解釈が横行して歪《ゆが》んだ方向への逸脱、暴走が起こりかねない。それだけに、何よりも慎重で客観的な事実関係の検証が求められるわけだが、以下は歯の研究でも世界的に著名なターナー（C. G. Turner II）が、この先史プエブロ族の事例研究に際して、食人行為を検証する五つの条件としてリストアップしたものである。

①死亡時前後のカットマーク
②意図的な骨破壊
③焼骨の存在
④台石／ハンマーストーンによる擦り傷や打ち傷
⑤脊椎骨《せきついこつ》等の欠損もしくは著しい破壊

判断の基本は、要するに動物を食べる時と同じことを人間にもしているということで、状況証拠として、食人例ではしばしば動物骨や土器片などに混じってゴミ捨て場のようなところから人骨片が検出されることが報告されてる。右記のように、この点はまさに居徳にも共通するわけだが、しかし、ここにあげられた各注目点についてはどうだろうか。

①のカットマークというのは、屍体《したい》を解体したり肉を剝ぎ取る時に石器などでつけられる傷で、通常は腱や靱帯《じんたい》などを切るために特に関節周辺に集中する傾向がある。居徳では

前述のようにイノシシの肘関節近くと人の大腿骨に同じ道具による傷が見られた。利器が不明なだけにこれをカットマークといってよいのかどうか疑問だが、図33に見るように骨体軸に直角に何度も繰り返し付けられた傷は、やはり戦闘中の傷というより、肉を剝ぎ取る時の解体痕と見る方が少しは理解しやすいように思える。いずれにしろ、これらの傷には生体反応による治癒の痕跡が見られないので、死亡前後の傷と見てまず間違いなかろう。

②の意図的な骨破壊だが、例えば長い四肢骨は骨髄を取り出すためにまず骨端部をはずすことが多いのだという。この点は居徳でも前記の矢を射られた女性大腿骨は、上も下も骨端が無くなっていた。他にも骨体の破片は多いが、骨端そのものは見当たらない。ただ、骨端はもともと緻密質が薄く、その内部も海面質になっていてひどくもろい構造なので、土壌による腐食も受けやすいし、いったん壊されると細片化が進んでなかなか検出できなくなる。つまり、人為的破壊の有無にかかわらず欠落することが多い部分なので、わずか二十数個の破片しかない状況ではいずれにしろ確かなことはいえそうもないが、少なくとも回収された骨片はかなり硬く、良好な保存状態を示しているので、腐食による自然消滅の可能性は低いだろう。また、この骨破壊に関連して、生前もしくは死亡直後のまだ有機質を多く含んだ骨を割ると、ガラス瓶を割ったように螺旋《らせん》状の破面を見せることが多いのだが、少数ながら居徳人骨にもそうした割れ口が見られた。少なくとも一部は死亡前後の

時期に破壊されたとみなせよう。ちなみに、図34は先の「旧石器時代の日本列島人」で紹介したフランスのアラゴ洞穴で発見されたおよそ三〇万年前の人骨片（右大腿骨下端部）で、やはり骨端部は打ち欠かれ、反対側の断面は捻《ねじ》れたような曲線状の破面を見せている。

図34　アラゴ遺跡出土の約30万年前の右大腿骨下端部

この遺跡でも、食用になった動物化石に混じって稀に人骨片も出土する状況が見られ、発掘者のルムレー教授は、時々ヒトも食べていたと何事もないようにいわれたので、驚いた記憶がある。

次の③や④の状況については、肉の調理加工を思い浮かべればどういうものか想像は容易だろう。時には、攪拌《かくはん》用の道具として加工、使用したらしい、先端がすり減ったヒトの長骨片などが出土することもあるようだが、居徳では焼骨も含めていずれも確認できなかった。

⑤は、脊椎骨をはじめとして骨盤や肩甲骨《けんこうこつ》のような薄くて脆い骨や、さらに手足の小さな骨などはほとんど検出できないということである。これらは通

常の遺跡でも骨の遺存率が低い部分で、人による解体行為が加わると、いっそう原型を保って残されている率が下がることは容易に想像がつこう。ばらばらに解体されてしまうと、特に小さな破片類はそれらを移動する時に失われることが多く、発掘作業でも注意しないと脊椎や肋骨《ろっこつ》、手足の骨などは壊したりとり漏らしが起こりやすい。それに加えて、居徳の人骨はなにしろ獣骨として採取された骨の中に混じっていたものだけに、他にも識別不能なかたちで混入している可能性は否定できない。いろいろ考慮が必要な不確定要素が多いが、とにかく居徳では脊椎や肋骨、骨盤は一片も確認できず、手足の骨はわずかに足の骨二片にとどまった。

こうして眺めてみると、ターナーのあげた五つの検証点について、符合する部分もあれば曖昧な部分や確認不能な点もあり、悩ましい結果になってしまった。カットマーク様の傷にしろ、骨端の欠落や螺旋状の骨の割れ口にしろ、あれこれ疑わしい状況は見られるが、いずれもわずか一、二例ずつしか観察できず、確証とするには弱すぎる。ただ、上でも触れたように、利器は不明ながら食用にした動物骨と同じ傷が人骨にも見られること、そして、そうした獣骨片などと一緒に生活廃棄場のような場所から出土していることなどを考え合わせると、この可能性もまんざら否定できないのではなかろうか。もちろん、これが敵対勢力に対する行為であった可能性もあろうが、回収された骨の大半が女性であることを考えると、単なる戦闘の帰結とも考えにくいように思える。

いずれにしろ、現状ではあれこれ疑わしいことはあっても、何らかの結論めいたものを出すのは時期尚早に過ぎよう。そうした問題に言及するには、受傷人骨にしろ武器の問題にしろ、まずは周辺の遺跡も含めて当時のこの地域の生活や社会背景に関する情報をもっと充実させる必要がある。これが何らかの儀礼行為なら、他の遺跡でもいずれ類例が出土するだろうし、戦争があったなら必ず多数の武器類やもっと多様な傷を持った人骨も追加されていくだろうが、果たしてどうだろうか。

縄文人の起源

列島の先住民はどこから

さて、これまで上黒岩《かみくろいわ》縄文早期人の分析を通して縄文人の特徴を概括してきたが、彼らの実像が明かになり、広く大陸各地の古人骨研究が進めば進むほど、当時の東アジアにあっては縄文人がかなりユニークな形質の持ち主だったことがわかってきた。彼らに類似する集団が、今のところ同時代の東アジアのどこにも見当たらないのである。

もちろん、最初にも触れたように、同じ縄文人といっても一万年以上もの長い期間なので、上黒岩のような初期のものから後半期にかけて多少の時代変化が起きていたこともわかっている。例えば低顔性や歯の酷使の程度などは、前記のように時代が古くなるほど強くあらわれる傾向があるようだ。また長細い日本列島のことゆえ、地域差も無視できないだろう。近年、北海道や沖縄の縄文時代人の地域性が少しわかってきたが、そうはいっても、こうした縄文人の中の違いは、今のところ後世の弥生人や古墳人などとの時代差に比べるとそれほど顕著なものではない。いわば縄文人はその独特の特徴によって、時代的にも地域的にもかなり特異な存在になっているのである。

図35は、約五〇〇〇年前の山東半島の大汶口《だいぶんこう》遺跡から出土した人骨と九州の縄文人とを並べたものである。ほぼ同じ時代の人なのだが、随分顔つきが異なっていることがわかるだろう。厳《いか》つく彫りの深い顔立ちの縄文人に比べて、大汶口遺跡人はかなり面長で全体的にのっぺりした顔つきをしている。山東半島だけではなく、当時の大陸にはかなり広くこのタイプの人々が分布していたことが確認されており、実は後述の日本の弥生人も大陸の新石器時代人に近い特徴の持ち主であったことがわかっている。

となると、問題はやはり、どうして縄文人のような人々が往時の日本列島だけに住み着いていたのかということである。当然ながらこの列島内で人類が湧き出したわけではない以上、彼ら縄文人のルーツも結局は近隣のいずれかの地域に遡源を求めざるを得ないのは自明だが、当時すでに大陸から離断されていたことを考えれば、同時代の周辺部からの渡来に多くを帰すことには無理があるだろうし、それを裏付けるような濃密な交流の痕跡や類似形質の大陸集団も見当たらない。そうするとやはりそれ以前の、大陸と日本列島がも

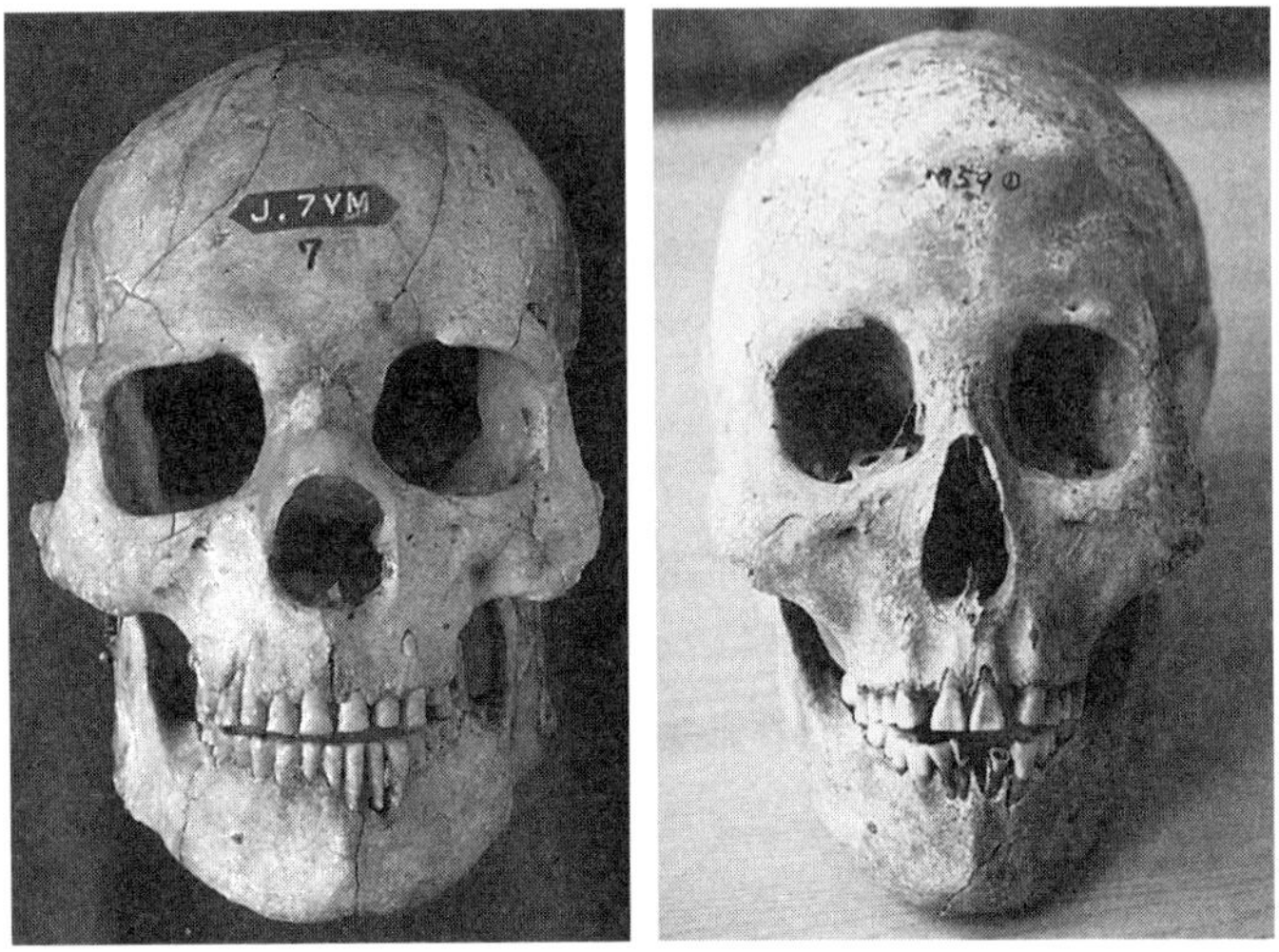

図35　縄文人骨（九州大学総合研究博物館所蔵）（左）と山東省大汶口遺跡出土の新石器時代人骨（右）

っと近接、あるいはつながっていた旧石器時代に流入した人々が改めて問題になってくる。つまり、縄文人の独特ともいえる形質は、旧石器時代人が列島に持ち込み、そのまま海に囲まれたこの地で保持されてきたものでは、という解釈である。

日本列島で縄文人が狩猟採集を柱とした生活を続けていたころ、大陸ではいち早く農耕牧畜を基盤とする新石器文化の時代へと移行していた。そしてそうした社会・文化面での変化を実現、発展させたのは、今のところ縄文人とは対照的な高・扁平《へんぺい》顔を特徴とする人々であったこともわかっている。この新形質の起源はまだよくわかっていないが、ともあれ、日本列島を取り巻く地域でいち早く起きたそうした変化にいわば取り残されるかたちで、昔ながらの生活、形質を保持し続けていたのが縄文人だということだろう。

東アジアの旧石器人にはまだ謎が多いことを考えれば、こうした説明もあるいはその不透明なところにつけ込んだ身勝手な推論といわれかねないだろうが、しかしまるで根拠のない話というわけではない。図36は、山口敏が示した形態の比較結果だが、この中で縄文人は同時代の中国新石器時代人より、先の「旧石器時代の日本列島人」でも触れた中国南部の柳江人《りゅうこうじん》に似たパターンを示すことが見て取れよう。今までにわかっている東アジアの他の新石器時代人との関係も似たようなもので、結局、同時代の人々の中には見当たらない縄文人類似集団が旧石器時代の大陸南部にはいた可能性があるということだが、それはまた、鈴木尚によ

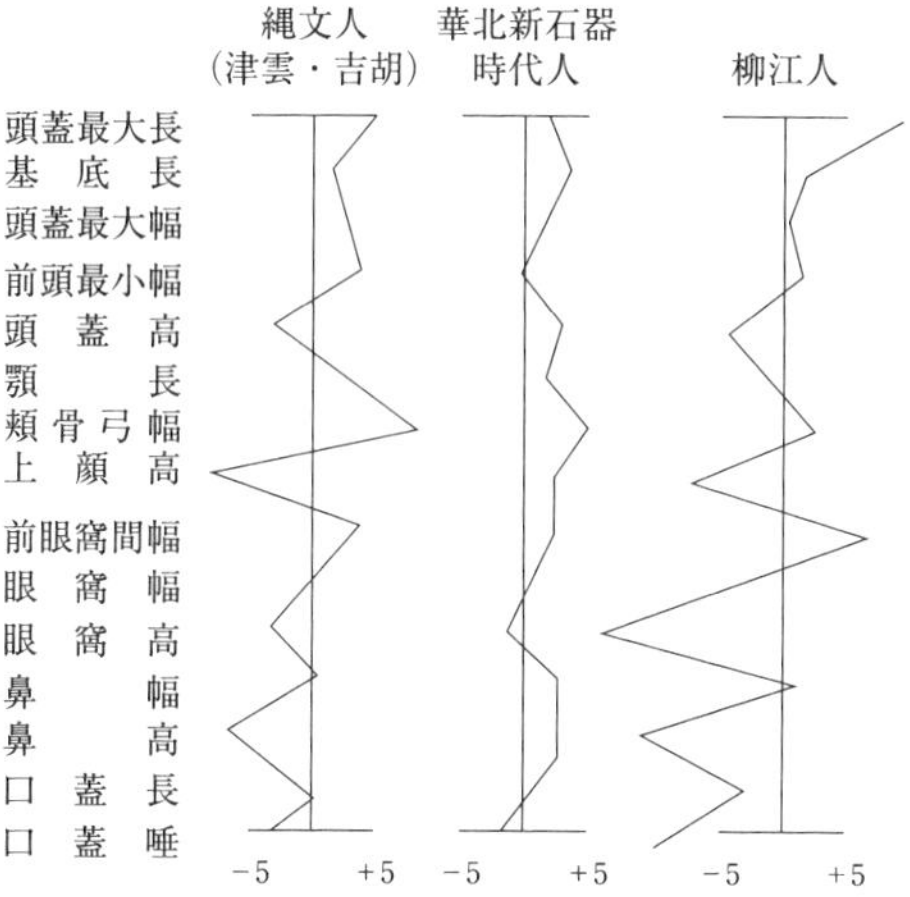

図36　畿内現代人を基準とする偏差折線でみた縄文人との比較（山口，1999）

る沖縄の港川人《みなとがわじん》の分析から得られた縄文人のルーツに関する見解とも矛盾しない。

南方ルート

こうしたアジア南方からの影響を検討する場合、やはり列島南端に位置する沖縄の先史時代人が一つの鍵を握る存在になる。先に触れたように、近年、港川人に関する新たな分析によって、従来指摘されてきた本土の縄文人や柳江人とのつながりについては見直しが必要との意見が出され、むしろ不透明感が増した感がある。ただ、そうした新たに寄せられた分析結果の中には改めてアジア南部とのつながりを指摘する声もある。例えば溝口優司は、オーストラリア東南部で発見されたキーロー人（後期旧石器時代）なども港川人と共に縄文人の祖先の候補になると指摘している。また、前述の徳永勝士らによる現代のアジア各地の人々の核遺伝子を分析した最新の結果からも、「全般的には東南アジアから東アジア、すなわち南方から北方に向かう先史時代の人類集団の移住、拡散が現在のアジア系諸集団の形成に大きく寄与したと推定される」といった見解が寄せられた。もちろん、この現代人を対象にした遺伝子分析で縄文時代や旧石器時代にさかのぼる諸集団の動きが具体的に再現できるわけではないが、東アジアの人類史において、大きな流れとしては南から北への方向が示唆されたことは、日本列島の古層集団のルーツを考える上でも基本的な枠組みになるものであろう。

とはいえ、議論の舞台となる沖縄では先に紹介した石垣島の更新世《こうしんせい》人類化石のほか、縄文時代並行期の資料も次第にその数を増やしつつあるが、残された謎も依然として多い。ここで「縄文時代並行期」と記したのは、沖縄ではほぼこの時期を「貝塚時代前期」と呼ぶことが多く、一般的にはそれ以降の弥生～平安時代並行期を貝塚時代後期、本土の中世ごろをグスク時代と呼んでいる（図37）。「貝塚時代」と呼ぶのは、この時期の遺跡に貝塚が多いためだが、従来から問題になっていたのは、その初現が六〇〇〇～七〇〇〇年前（渡具知《とぐち》東原《あがりばる》遺跡・約六五〇〇年前）までしかたどれず、港川人の後に一万年余りもの空白があることであった。そのため、一部に港川人絶滅論（沖縄のような小さな島では狩猟採集生活だけでは継続して住み続けるのは難しく、気候変動なども手伝って港川人の子孫は一度絶滅し、縄文時代中頃になって改めて本土辺りから入植したのではないか）を唱える声もあったが、もしそれが事実なら、現代の沖縄人は港川人の子孫ではないことになり、ここで問題にしている縄文時代人の起源問題への影響も大きい。もし貝塚文化が本土縄文人集団からもたらされたものなら、その縄文人の起源探求に関して、沖縄の縄文人を手がかりにアジア南部との関係を探ろうという目論見はほとんど意味をなさなくなってしまう。

しかし、先の「旧石器時代の日本列島人」の章でも紹介したように、近年、沖縄本島のサキタリ洞遺跡から、従来の遺跡空白期に入る約九〇〇〇年前の土器（押引文《おしびきもん》）が発見され、さらには約一万四〇〇〇年前の石器も人骨片と共に発見されて、少なくとも沖縄本島

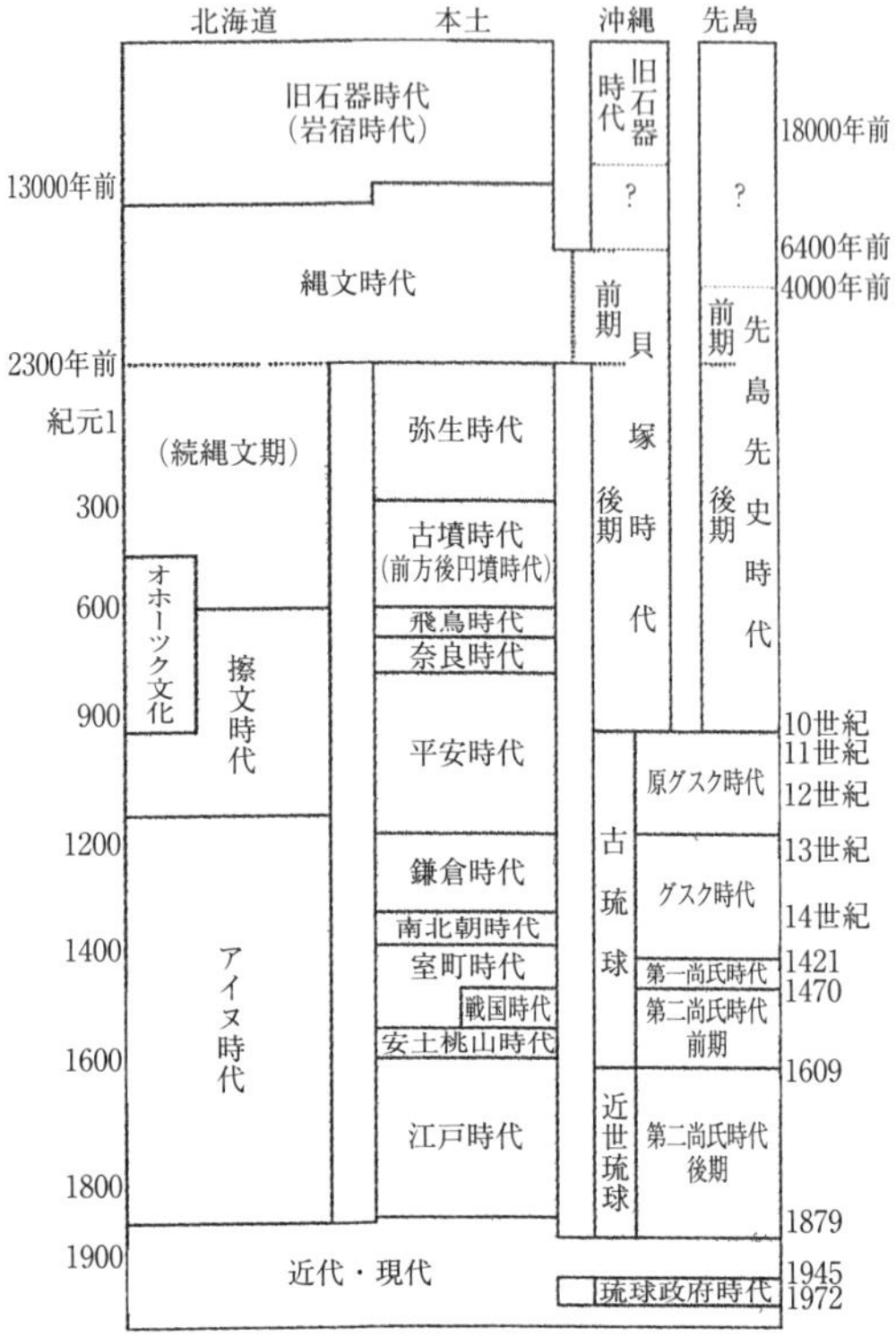

図37　沖縄・北海道・本土域の時代区分
（安里・土肥，1999）

域では更新世以来の人の連続した居住がほぼ確認された。しかし、同じ沖縄でもより南部の先島《さきしま》諸島ではどうだったのだろうか。図37にも示されているように、列島南端の先島諸島ではグスク時代になるまで中部圏の沖縄諸島（喜界島《きかいじま》から沖縄本島まで）とは文化的に断絶しており、むしろ台湾やフィリピンなどとのつながりが指摘されている。こうした先島諸島と沖縄諸島の間に見られる隔たりは、文化面だけなのだろうか。地理的にみると、先島諸島は西方には台湾経由で大陸と、南方にはフィリピン経由で東南アジアとを結ぶ交叉路に位置している。従って、文化面でアジア南部とつながるのなら、当然、人もまたつながっていてもおかしくはない。いやむしろ、互いに海で隔てられ、往来がそれほど自由ではない環境を考えれば、人と文化の連動を想定する方が自然かも知れない。そうなると縄文人の南方起源を検討する上ではこの先島諸島の先史時代人こそが重要な鍵を握っていることになる。先島では長らく資料の欠落状況が続いていたが、今回、石垣島の白保竿根田《しらほさおねた》原《ばる》洞穴《どうけつ》からは、更新世人類に加えて貝塚時代初期の人骨出土も報じられており、その面でも今後の分析が大いに注目されるところである。

沖縄の貝塚時代前期人

あれこれ悩ましい課題が残されているが、ともあれ、これまで沖縄諸島で出土した縄文時代並行期の人骨については、土肥直美らの研究によって、かなり変異が見られるものの以下のような特徴が指摘されている。すなわち、概して短頭性の強い脳頭蓋、彫りが深くて低・広顔傾向の強い顔面、頑丈な上肢と、大腿骨《だいたいこつ》の柱状性や脛骨《けいこつ》の扁平性が比較的弱い下肢骨《かしこつ》、そして、全体的にサイズが小さく、男性でも平均で一五五センチ程度の低身長といった特徴である。低顔で立体的な顔面など本土の縄文人との共通点も目に付くが、同時にまた地域性とでもいうべき特有の傾向もみられるようだ。例えば、強い短頭性や柱状形成の弱い大腿骨、それに非常な低身長もその一つである。

四肢骨の形状や低身長という点については、さほど大きくはない島での生活が影響した可能性が考えられる。もともと縄文人の大腿骨や脛骨の断面に見られる特徴（柱状性や扁平性）は、前述のように野山を駆けめぐるような、四肢骨に強い負荷のかかる生活から生み出されたものである。沖縄の島々のような、特に険しい山もなく、限られた領域を移動するだけの生活をしていた人々の下肢骨が華奢《きやしや》なのは、そう考えれば理解しやすい。そして、海に接した生活をしている人々の上肢骨がたくましい（つまりは上肢の筋肉が発達）ことも、本土の貝塚縄文人や漁労生活をしていた弥生人に共通してみられる特徴である。

低身長についてもやはり住環境の影響、つまりこの場合は先のホモ・フロレシエンシスのところでも紹介した「島嶼《とうしよ》化」の影響が及んだ可能性がまず思い浮かぶ。沖縄の島々のような限られた領域と資源の中で生活するには、やはり小柄なエネルギー消費の少ない体型が有利だったはずで、前述の「港川人絶滅論」ではないが、農耕技術を持たなかったこの地の人々が自然の気まぐれによって繰り返し飢え死の危機に見舞われたことは想像に難くない。身長は食生活に大きく影響されるので、彼らの低身長もそうした厳しい食環境が影響している可能性が高いと考えられるが、この問題についてはしかしもう一つ、気になる点も残る。それは、より南のフィリピンやマレー半島、アンダマン島など東南アジア各地に住むネグリトと呼ばれる非常な低身長（成人男子でも一五〇チセン程度）を特徴とする人々の存在である。彼らは東南アジアの先住民と考えられている人々だが、要するに沖縄の貝塚後期人の低身長は、島嶼化もさることながら、ひょっとするとこのネグリトのような南方集団との遺伝的つながりから生み出されたかもしれないということである。今のところ、現代人を用いた遺伝子分析で沖縄人と彼らネグリトとのつながりを証明するような結果は見当たらず、ミトコンドリアDNAでもネグリトの独自性を指摘する声が高い。しかし、現代人で比較するだけでは、これまでの周辺住民との混血の蓄積が邪魔をして、過去の本来の関係まで見通すのはなかなか難しいだろう。同時代の古人骨を用いた分析が求められるが、資料的な制約もあってまだそれは実現していない。

種子島の広田遺跡人

この、ひどく小柄な沖縄の人々の由来を考える上で非常に興味深い先史集団が、沖縄から少し北に位置する鹿児島県種子島で発見されている。南北に細長いこの島の南端近くに位置する広田《ひろた》遺跡がそれで、昭和三十年代の初め、金関丈夫らによって一五〇体を超す弥生～古墳時代の人骨が掘り出され、その特異な形質が以前から注目を集めてきた。広田人は男性でも平均一五四チセン（女性は一四二・八チセン）の身長しかなく、低顔でしかも極度の短頭を特徴とする人々であった。この短頭性と

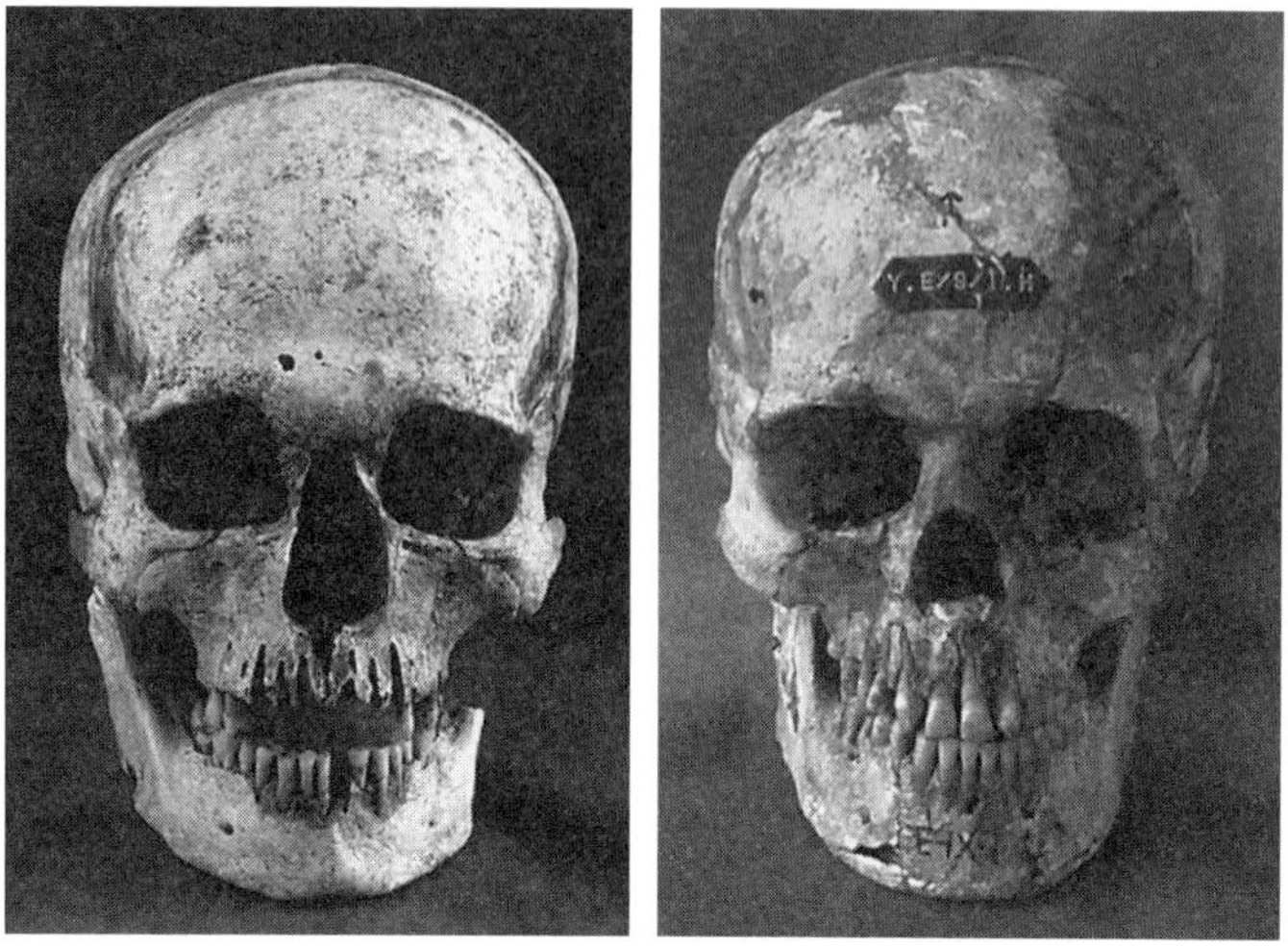

図38　沖縄の大当原貝塚後期人（沖縄県立埋蔵文化財センター所蔵，土肥直美提供）（左）と種子島の広田人（九州大学総合研究博物館所蔵）（右）

いうのは、右記の沖縄貝塚前期人や、ネグリトの人々にも共通して見られる特徴である。

図38は、沖縄の大当原《うふとうばる》貝塚から出土した人骨と広田人を並べて見たものだが、強い低顔性や彫りの深い顔立ちに加えて、後頭部の扁平性が目立つ独特の形態を共有している。同じ沖縄貝塚人でも、もう少し扁平な顔立ちの人骨や高身長例なども報告されているので、一概に広田人との類似性だけを強調するのは危険だが、かつては種子島とその周辺にしか確認できなかった広田に酷似する先史人の存在が少なくとも沖縄辺りまでは追跡できること、そして、極度の低身長や短頭性に注目すればさ

らに南のネグリトなどともつながる可能性が浮かんできたことは注目すべきであろう。地理的に沖縄と東南アジアをつなぐ位置にある先島の先史人の姿がまだわからないことは、その意味でももどかしい限りである。

絶壁頭―人工変形？

ここで広田や沖縄貝塚人の共通点として強度の短頭性をあげたが、この特徴についてはは取り扱いに少し注意が必要である。世界を広く見渡すと、意図的に頭の形を様々に変形させる風習が各地で見られ、場合によっては生得的な特徴ではない可能性があるからである。図39上左は頭蓋変形が多いことで知られる南米ペルーの一例で、まだ若い一〇代半ばの子どもの頭である。どのような変形頭蓋を作るかは地域や時代によって様々だが、少なくとも成長期にある子どもに多大な苦痛を強いることには変わりなく、この事例ではおそらくまだ幼い時期から後頭部に板をあてて縛り付けていたのだろう。ひょっとするとそれが原因でこんな若い年齢で死んだのではないかと疑いたくなるほどの極端な絶壁頭になっている。

現代人の目から見れば不可思議かつ残酷にも思えるこの風習は、しかし、非文明社会だけに見られる蛮行というわけでもない。図39上右に示したもう一つの例は、一八〜一九世紀フランス南西部で流行した、頭蓋の頂部を鞍型《くらがた》に変形するタイプの例である。なぜこんな頭にしたのか、その理由についてはいくつか異論があるようだが、下の図に示したよう

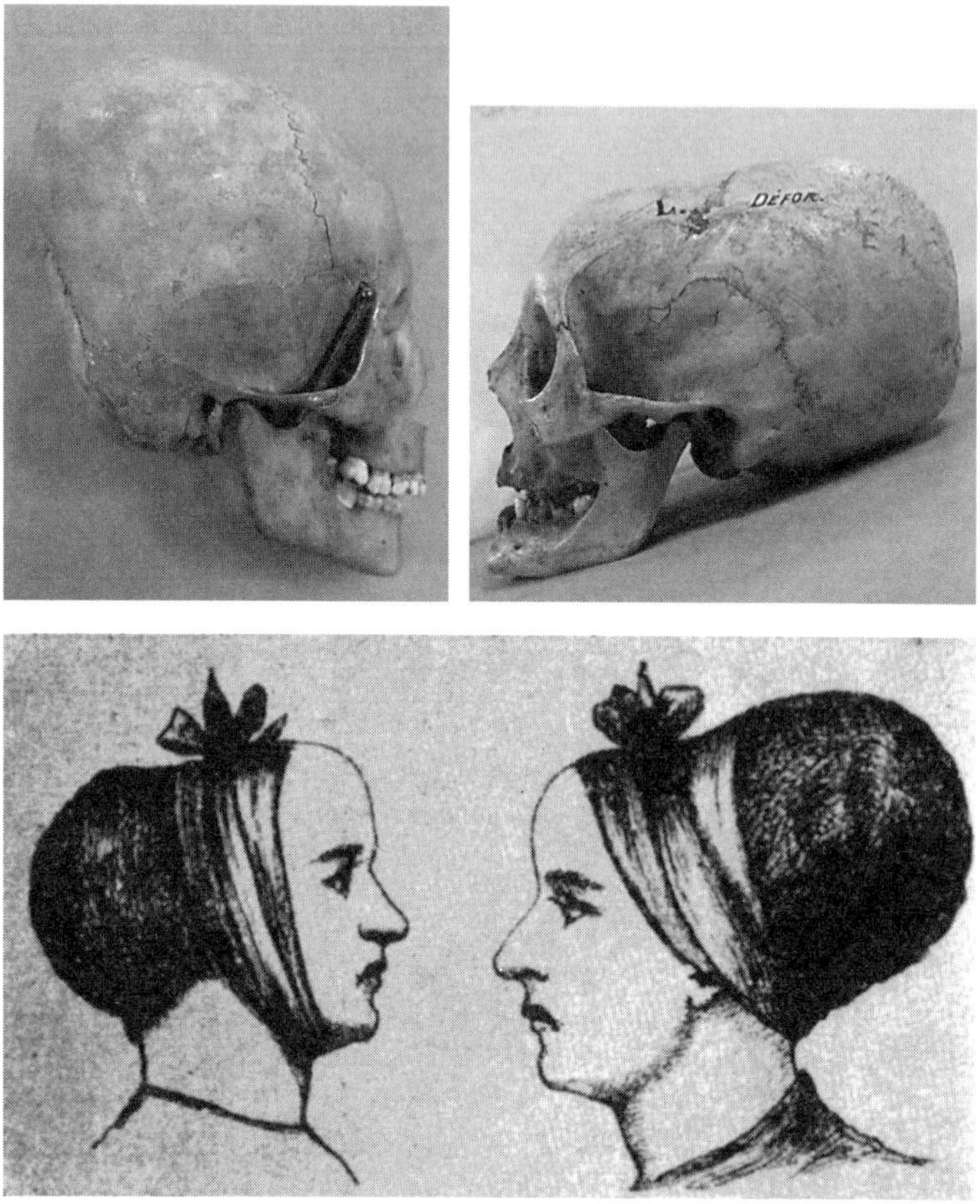

図39　南米ペルーの変形頭蓋例（上左）と19世紀フランス南西部ツールーズ型変形例（上右と下）

な髪型に合わせた変形だという解釈が有力で、つまりは当時のフランス南西部の女性にとってはこの変形頭が美的感覚に沿うものでもあったらしい。一九世紀後半になると、さすがに残酷だという批判が高まり、次第に姿を消していったが、変形の形は様々ながら似たような風習はほぼ汎世界的に確認されている。

広田や沖縄の先史人に見られる強度の短頭もまた、こうした風習の所産なのだろうか。気をつけねばならないのは、同じ変形頭蓋でも、中には非意図的なものもあるという点である。つまり変形した頭に何らかの社会的な、あるいは美的な意義付けをして計画的に変形させるというのではなく、いわば日常生活の中から自然に生み出された変形例もいくつか知られており、どちらなのかを見極めておかないと、このひどく目立つ特徴の解釈が混乱してしまう。かなりの苦痛や危険を侵してまで実施していた風習ならば、それだけ当該集団にとっては重要な社会的意義なり価値観が共有されていたはずであり、類似風習の有無はここで問題にしている集団間のつながりを探る試みにおいても有力な手がかりになるかも知れない。しかし、もし意図的な行為ではないなら、その有無や類似性にさほどの意味付けはしにくくなるだろう。ただし、そんな議論の前に、現代人の目には奇妙に映っても、いや、奇妙であればなおさら、その風習はそれを生み出した当時の社会やそこに生きた人々の精神世界を垣間見る一つの窓口になるはずであり、それ自体が興味深い研究テー

図40　ネイティブアメリカンの背負い木枠（左）とネイティブアメリカンの変形頭蓋（右）

マであることに違いはない。

図40は、古い文献の図なので見にくくて申し訳ないが、北米ネイティブアメリカンで使われていた嬰児《えいじ》用の背負い木枠で、移動することの多かった彼らは、まだ首の据わらないような赤ん坊をこの中にいれて運んだらしい。柔らかい赤ん坊の頭はこの窮屈な背負子の中で長時間固定、圧迫され、その結果、不自然に扁平になった後頭部ができあがることになった。ちなみに、隣に示した図も北米先住民での例だが、こちらは明らかな意図をもって前頭部をそそり立つような急斜面に仕上げる変形例である。図に描かれているようなこの集団の赤ん坊は、無事、母親のような見事な変形頭の大人まで成長できたのだろうか、そんな心配までしたくなる例である。

一方、現代医療の世界でも、こうした変形頭がかなりの頻度でいわば自然発生することが知られている。

もちろん「自然発生」といっても、その原因は病的なものから、赤ん坊の育て方によって発生するものまで様々である。病的なものとしては、水頭症《すいとうしょう》や頭蓋縫合早期癒合《ゆごう》症などが代表例として知られているが、そんな病的変化でなくとも、いわゆる「斜頭症（Deformation plagiocephary）」のような、妊娠中や出産時の様々な圧力や特に出生後の赤ん坊の寝かせ方が原因で生まれる変形も珍しくはない。まだ柔らかい赤ちゃんの頭は、例えば仰向けに長時間寝かせておくと後頭部が扁平になるし、横向きで放置すると、ひどい長頭の頭ができあがる危険性がある。

東アジアの変形頭蓋

では、広田遺跡や沖縄の例もこうしたいわば自然発生的な変形例なのだろうか。どちらも後頭部の変形なので、特に前述の「斜頭症」などとの区別が問題になるだろうが、意図的であろうと無かろうと、できあがった絶壁頭に今のところ明確な違いは見出し難く、あれこれ悩ましい状況にある。

実は周辺域を見回すとこれまで東アジア各地で風習的変形頭蓋が報告されており、広田や沖縄の例を除けば、日本列島だけがいわばこの風習の空白地帯になっているのである。例えばお隣の韓国では南端に位置する礼安里《イエアンニ》遺跡（ほぼ古墳時代ごろ）から、前頭部を扁平にする変形例が報告されているし、似たような例が新石器時代のロシア沿海州《えんかいしゅう》でも発見されている（図41）。これらは前額部《ぜんがくぶ》を圧平するタイプなので斜頭症との区別に悩む必

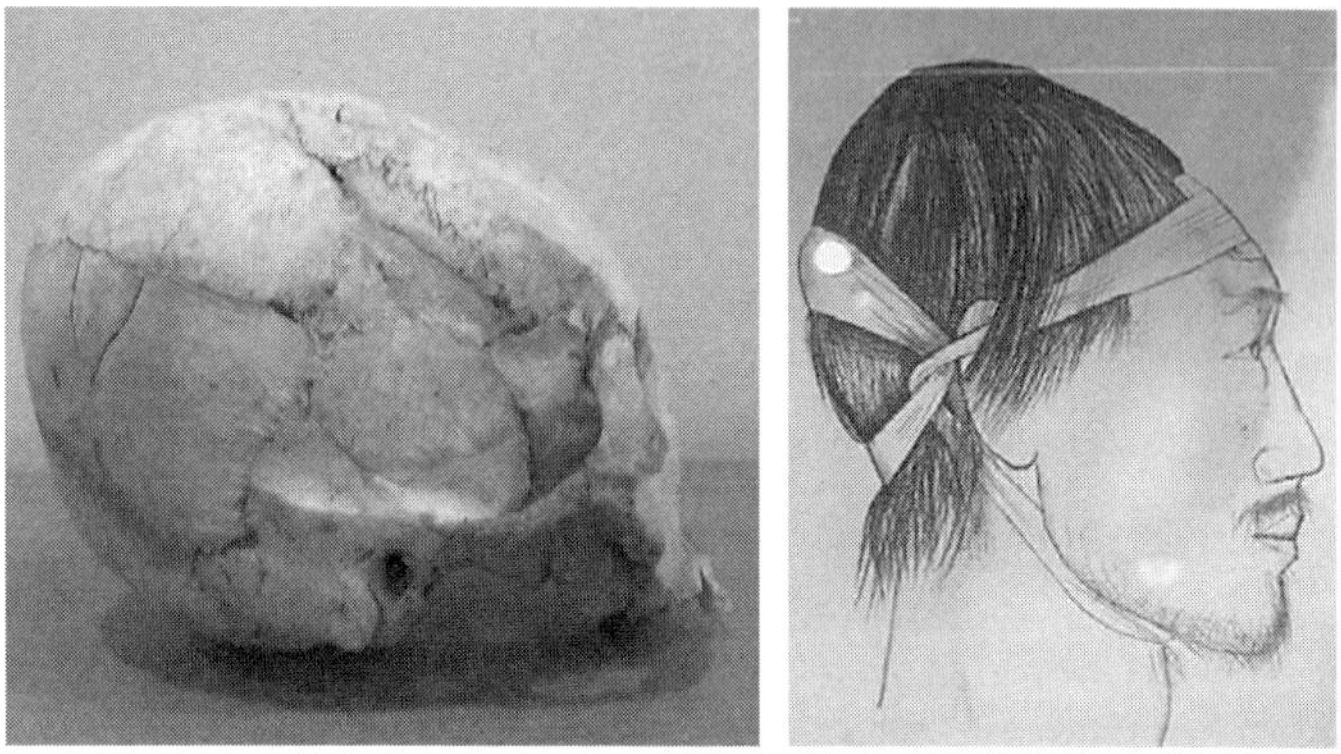

図41　ロシアボイスマン遺跡で見つかった変形頭蓋

要はないのだが、この二〇年ほど筆者自身が調査対象にしてきた中国では、あちこちで広田に似た後頭部が異様に扁平になった頭蓋に出くわしてきた。最初に手がけた長江下流域の圩墩《うとん》遺跡（約五〇〇〇年前）でもかなり後頭部の変形例が見つかったし、一〇年ほど前に山東大学と共同で調査した丁公《ちょうこう》遺跡（龍山《りゅうざん》文化期・約五〇〇〇〜四〇〇〇年前）ではおよそ六割の頭蓋に変形が認められた。さらにその後新たに調査した山東半島南岸の青島《チンタオ》市に近い北阡《ほくせん》遺跡（大汶口文化期・約六〇〇〇〜四五〇〇年）でもやはり歪《ゆが》んだ頭の持ち主が相当数見つかり、どうやら東シナ海を挟んだ大陸と南西諸島の両岸で似たような変形頭が分布する様相が浮かんできている。

山東省・北阡遺跡

問題はこの変形頭の解釈なのだが、最後にあげた北阡遺跡の調査中、意外なかたちでこの問題にちょっとしたヒントをもらったことがある。北阡人骨を調べていて、ここでもまた後頭部が扁平になった頭蓋に出くわした訳だが、われわれの世話係に派遣されてきた山東省出身の大学院生とこの風習について話している時、ふと彼の頭を見て驚いた。彼の方も私の視線が急に自分の頭の周りをうろつきだしたので少し戸惑ったようだが、見事な絶壁頭だったのである。おそらく眼前の机上にある頭蓋とあまり変わらないほどの扁平度だろう。とりあえず聞いてみたが、当然のことながら幼いころに頭をどうかされた記憶はないし、そんな風習がかつてあったとも聞いていないという。ただ、正確な頻度は知らないが自分のような扁平頭はそう珍しくはないともいった。私自身、丸刈りを強制されていた中学生時代、何人か絶壁頭の同級生たちがいて、時々からかいの対象になっていたことを覚えている。もちろん、私の郷里にも頭をいじくる風習などはないので、前記の「斜頭」の例だったのだろう。それを考えれば、これまで山東で報告されてきた変形頭も、特にこだわって議論するような風習ではないとの見方も出てくるかも知れない。しかし、私自身はまだそうした結論を出すのは早計に過ぎると考えている。

例えば、図42に山東省大汶口遺跡での一例を示したが、単なる乳児期の寝かせ方だけでここまで極端な変形が生まれるのだろうか。それに、どうしても気になるのは、その頻度の高さである。先にも触れた山東省の丁公遺跡では約六割、今回の北阡遺跡では七割近く

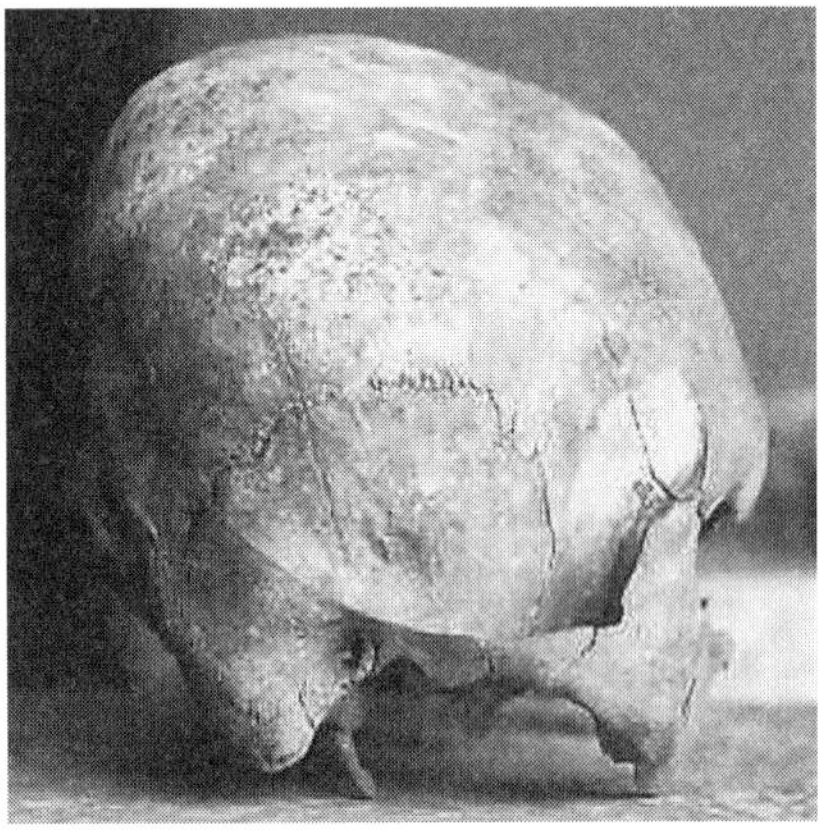

図42　山東省大汶口遺跡出土の変形頭蓋例

（確認できた七五個の頭蓋中、三七個＝六六・八％）、そして種子島の広田遺跡ではなんとほぼ一〇〇％で後頭部が変形していた（図43）。主に赤ん坊の寝かせ方に起因する斜頭症では、こんな高率はまずあり得ない。

この斜頭症の頻度についてはアメリカで興味深いデータが公表されている。アメリカでは以前から赤ん坊をうつぶせに寝かせるのが一般的だったのだが、ＳＩＤＳ（乳児突然死症候群）で死亡する例が多く、その対策として一九九二年にアメリカ小児科学会（ＡＡＰ）が、赤ん坊を仰向けで寝かせようというキャンペーンを張ったところ、突然死する乳児が減少する一方で急激に斜頭が増えだしたのである。それ以前はおよそ三〇〇人に一人程度だったものが、二〇〇五年には一〇～二〇人に一人程度にまで急上昇したという。確かに、赤ん坊の寝かせ方が頭型に大きく影響することを如《によ》実《じつ》に示すデータではあるが、それでも頻度としてはせいぜいこの程度である。

もちろん「風習」だからといって広田のように必ずしも全員にその痕跡が見られるとは

限らないが、その地域の過半が「斜頭」になるような臨床例もなく、そうなるとやはり広田はもとより山東でも何らかの特殊な要因が絡んでいると考えるのが自然だろう。その要因が直ちに意図的な変形風習を指し示すわけではないにしろ、もしそうでなければ、他に

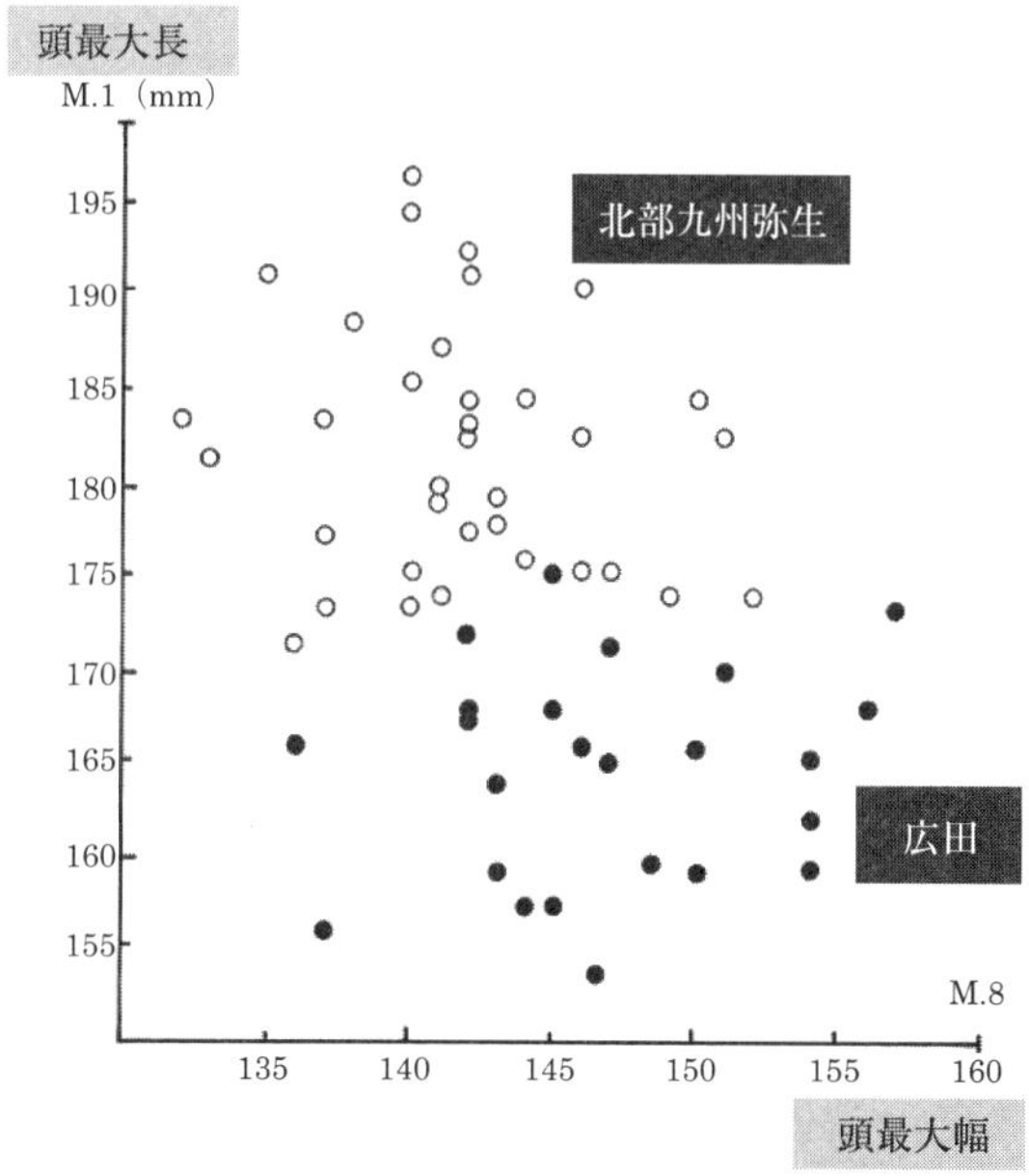

図43　種子島広田遺跡出土人骨の頭型

何か後頭部の扁平化を招くような赤ん坊の育て方についての余程しっかりした規範なり道具や方法があったことになろう。ネイティブアメリカンに見られたような特殊な背負い籠やあるいは揺り籠のようなものを使っていたのだろうか。もっと南方の東南アジアでは明らかな風習的頭蓋変形の存在が知られている。それだけに、まんざらそうした地域との交流が無視できない南西諸島の人々の絶壁頭をどう位

置付ければいいのか、今しばらく頭の痛い課題になりそうだ。

南方ルートを探るついでに随分道草をしてしまったが、絶壁頭はともかくも、種子島の広田遺跡の人々がもつ特徴は縄文人との共通要素が多く、彼らの淵源を探れば少なくとも縄文人のアジア南部とのつながりを追求する貴重な窓口になるはずである。残念ながら筆者の時間切れによってその追及の手は中空に浮いたままになってしまったが、一方では目的こそ様々ながら、多くの別働隊による東南アジアを主舞台にした調査も着実に進んでいる。情報さえ充実していけば、いずれ互いの網の目が絡まり、自ずとアジア東縁の各地をつなぐ糸が見えてくることも期待できるのではなかろうか。

シルクロードを西へ

モンゴル

縄文人のルーツ問題について、少し余談めいた話になるが、北方や南方への探索に続いてもう一つの西方に目を向けた取り組みについても紹介しておこう。縄文人のような彫りの深い顔立ちといえば、誰しもまずは西欧の人々の顔を思い浮かべるだろう。実際に縄文人の血を受け継いだとされるアイヌも似た特徴を保持しているわけだが、そもそも日本ばかりか西欧の研究者までがこのアイヌに強い関心を持っている理由の一端もここにある。あちらの人々から見れば、なぜアジアの東端に自分たちに似た人たちがいるのかというわけである。

問題は地理的にユーラシアの東西に遠く離れてしまう両者の生い立ちにどこか接点があるのかどうかということだが、歴史をさかのぼっていくと、まるで無縁とばかりはいえな

図44　モンゴル・チャンドマン遺跡出土の青銅器時代人

い状況も見えてくる。先に沿海州や華北の新石器時代人はすでに面長で扁平《へんぺい》な顔つきになっていたことを紹介したが、例えば大陸でもモンゴル辺りまで内部に入ると、その新石器時代人骨の中には現代のモンゴル人とはまるで違うひどく鼻筋の通った立体的な顔立ちが目に付くようになる。図44はその一例で、モンゴル西部のチャンドマン遺跡から出土したおよそ二五〇〇年前の人骨だが、鼻の高さというか、顔面中央部の凹凸の強さ、立体感は縄文人にも共通する特徴である。モンゴル大学のツーメン博士らは、こうした顔面や歯などの特徴について、もっと西の中央アジアやヨーロッパの人々との類似性を指摘し、当時、少なくとも現在のモンゴル西部辺りまで西からの遺伝的影響が及んでいたことを示した。似たような状況はさらに北のロシア領でも指摘されているし、筆者らも中国西端の新疆《しんきょう》ウイグル自治区ハミ遺跡から出土した紀元前にさかのぼる人骨を調べた時、まさに西欧人のようなとがった鼻の持ち主から扁平な日本人にも近い顔面の持ち主まで、異なった特徴が入り交じったひどく多様な様相に驚いた経験がある。

ご承知のように、現在この新疆は民族問題で大きく揺れ動いている。顔立ちばかりか目や髪の色まで違う、鮮やかな民族衣装をまとったウイグル族の人々が行き交うカシュガル（新疆ウイグル自治区の西端に位置するオアシス都市）の街頭で、ここが中国か、と繰り返し強い違和感のようなものを感じたことを覚えているが、はるか三〇〇〇年近く前からすでにこの地には当時の東アジアの人々とは大きく異なる特徴の人々がやってきて住んでいたのである。もちろん後世のモンゴル帝国の時代には、逆に扁平顔の遺伝子が遠く西欧まで及んだことはご承知のとおりで、時代によってその影響域は東に西に相当大きく揺れ動いたようだ。

これら西ユーラシアからの人の動きは縄文人の形成過程のどこかでつながりを持っているのだろうか。ツーメン教授らは、同じ先史時代のモンゴルでもその東部には、これまで東アジア各地で見てきたような扁平性が強い顔つきの住人がいたことを確認している。つまり、少なくとも同時代の人グループの分布状況で見る限り、アジア東端に位置する日本列島とモンゴル西部、ひいてはユーラシア西部とは今のところつながりそうもない。百々幸雄の頭蓋小変異を使った分析でも、チャンドマンなど外見上は共通点のあるモンゴル西部の古人骨と日本の縄文人との間にさしたる関係は見い出せなかった。ミトコンドリアD

NAを調べた結果を見ても、今までのところ縄文人との近縁性が指摘されたのは北の東シベリアや南の東南アジアの人々で、中央アジアや西方との関係を示すデータはほとんど得られていない。できればもっと古い時代の人の分布状況が探れればと思うが、前述のように大陸北方の更新世《こうしんせい》人類についてはほとんど白紙状態のままである。ただ、前述の、二〇〇八年に西シベリアのアルタイ山脈にあるデニソワ洞窟で発見された四万年余り前の化石人骨では、核DNAの分析によって現在のメラネシアや中国南部の人々と遺伝子の一部を共有することが明らかにされた。やはり更新世までさかのぼればまた違った状況が見えてくる可能性はありそうだが、そのためにはまず縄文人の核DNA分析も試みておく必要があるだろう。デニソワ人についても、当初発表されたミトコンドリアDNA分析ではわからなかったが、人の特徴を決める遺伝子である核DNAの分析によって初めて現代アジア人とのつながりが見えてきたのである。形態であろうが遺伝子であろうが、要は分析範囲（個体数やゲノム中の分析対象範囲）をできるだけ広く、多様にして探る必要があり、いくら遺伝子でも一部だけを見たのでは見落としや、あるいは偏った結論を導き出しかねない。ネアンデルタール人が現代人に遺伝子を残さず絶滅していたと主張していたミトコンドリアDNA分析の結果などはその好例であろう。

縄文人の起源問題に直接つながるわけではないが、右記のモンゴル西部や新疆ウイグル自治区の先史住民に見られる入り組んだ様相からもうかがわれるように、中央〜西アジア一帯は様々な人類グループが複雑に混交する、人類学研究者にとってははなはだ魅惑的な地域である。筆者は先のハミ人骨を手がける以前にも、同じ九州大学の医学者を中心とする研究班に誘われて少数民族であるウイグル族を調査するために新疆を訪れたことがある。中継地となった西安《せいあん》はともかくも、新疆の省都ウルムチに入ると、街を行き交う人の中にひどく異なった顔貌《がんぼう》の持ち主が混じっているのに気付かされた。その、東アジア人とは程遠い、かといって西欧人ともいい難い容貌は、タクラマカン砂漠の北辺をトルファンからさらに西に向かうに連れてその数と頻度を増やし、中国領西端のオアシス都市カシュガルではほとんどがこの不可思議ともいえる顔つきの人たちで埋め尽くされていた。

新疆ウイグル自治区

どういう人類集団がどのように混ざるとこんな顔貌になるのか。強烈な陽射しにしかめられた眉《まゆ》の下からこちらを見つめる濃い灰色や時にはブルーの瞳に出会ったりすると、この地まで遥かにたどってきた、砂や瓦礫しか目に入らない広大な砂漠の道の遠さが改めて思いだされたものだ。初めて踏み込んだ果てても見えぬ砂漠の風景は、強力なランドクルーザーを駆っての旅ですら不安を覚えるような圧倒的な荒涼感で筆者の心底を揺さぶり続けたが、かつて玄奘三蔵《げんじょうさんぞう》は仏教の原典を求めてこのタクラマカン砂漠を徒歩で横切り、さらに西のサマルカンド（現在のウズベキスタンの古都）に向かったという。この道のさらに西にはどういう人たち、どういう風景が待っているのか、カシュガルの西方遙か、白い霞《かすみ》の上に浮かんでいる名も知らぬ高峰を眺めやりながら、そんな思いがしきりだったのだが、その後、思わぬ形でその夢の一部が実現することになった。

シリア・パルミラ

ことの始まりは、当時、奈良大学にいた泉拓良からの電話だった。シリアのパルミラでの発掘で大量の人骨が出たので、その整理、報告を手伝って欲しいというのである。もう年の瀬も迫ったころのひどく急な話で、引き受けるとなると、お正月を現地で迎えることになるともいう。「あのパルミラですよ」と泉は電話の向こうで何やら有名スターを紹介するような口調で繰り返すのだが、あいにくそんな名前を聞いたこともない私は咄嗟《とっさ》には返答できず、考えさせてくれといってひとまず電話を切った。やたら出張が増え始めていたころのことで、これ以上は無理だと思って断るつもりだった。ところが横でこの電話のやりとりを聞いていた、当時、古希を迎えたのを機に開業医を辞めて新たに人類学研究者を志していた古賀英也が、そんな話なら是非引き受けて自分も連れて行けといい出した。何しろ特殊潜行艇乗組員としてあの大戦を生き抜き、七〇歳を超えてもまだ老眼鏡もかけずに辞書が読めるような桁外れの人物である。

憧れのシルクロードに関わる調査でもあり、そんな人物に煽られると筆者もつい、少し無理をしてでもという気になってしまった。わからないもので、それから二〇年余りの間、毎年のように夏になるとパルミラに通い続けることになる。残念ながらこの二、三年はシリア内乱のため現地調査も中断を余儀なくされ、今のところ再開できる見通しも立っていない。どうやら一区切りを付けるべき時が来たようにも思うので、少し寄り道になるが、ここでこのパルミラでの調査の一端を紹介しておきたい。

泉の口調からすれば、パルミラという名はかなり知れ渡っているらしいのだが、私と同様、聞いたこともないという人もいるかと思うので、まずはこの地名の紹介から始めよう。シリアの首都はダマスカスだが、パルミラはそのダマスカスから東におよそ二五〇キロの、ほぼシリア砂漠の中央にあるオアシス都市である（図45）。いわゆるシルクロードの西端近くに位置し、古くから地中海とメソポタミアを結ぶ中継地として栄えた隊商都市でもあった。特に絶世の美女と謳われた女王ゼノビアが統治した三世紀後半には隆盛を極め、メソポタミアからエジプトにまで至る広大な地域を支配下においていたという。しかし、その急激な膨張政策はローマ帝国の警戒を招き、二七二年、ついに皇帝アウレリアヌス率いるローマ軍の猛攻を受けることになる。援軍を呼ぶために脱出したゼノビアがユーフラテス河畔でローマ軍に捕まり、精強を誇ったパルミラ軍もついに力尽きて街は徹底的な破壊

図45　シリア・パルミラ

と略奪を受けてしまった。こうして歴史の表舞台からは姿を消したパルミラだが、今もベール神殿を中心とする往時の壮大な石造建築物の残骸が街の南西部に広がり、世界遺産にも登録されて、内戦が始まるまでは世界中から多くの観光客が訪れていた。

戦前からこのパルミラではポーランドやドイツ等の欧州隊が息の長い発掘調査を続けてきたが、一九九〇年（平成二）から樋口隆康（当時、橿原《かしはら》考古学研究所所長）率いる奈良シルクロード財団の調査隊も戦列に加わって、ベール神殿の東南一・五キロの位置にあるローマ時代の地下墓の発掘を手がけることになった。当初、調査隊に人類学研究者は含まれていなかったのだが、大量の人骨が出土したため、急遽筆者が駆り出されて冬のパルミラを訪れる羽目になったというわけである。

パルミラ・ローマ時代の地下墓

砂漠というと、ぎらつく太陽や熱風、砂塵といったイメージがまず浮かぶが、初めてパルミラを訪れた時はクリスマスも間近い十二月の冷たい氷雨の降る日だった。四時間ばかり褐色《かっしょく》の砂と瓦礫《がれき》を見続けたドライブの果て、白い霞の中に何の予告もなく巨大な列柱の影がうっすらと浮かび上がってきた時は、その幽玄で壮麗な眺めに思わず首筋に鳥肌が立ったことを覚えている。

その時に手がけたのはC号墓と名付けられた地下墓出土人骨だが、最初に案内のモハムド氏に導かれてこの地下墓に入った時、その規模の大きさにまず驚かされた。地下に降りる階段を含めると長軸が三〇メートル近くに達し、墓室の入り口は頑丈な石造りの門で区切られていた。発掘の途中、幸運にもこの門の近くから墓の来歴を記した碑文が発見され、一〇九年四月にイアルハイという人物によって建設された彼の一族の墓であることも明らかになった。このかなりの広さを持つ墓室の壁一面が遺体を入れる納体室になっているのである。ちょうど人の背丈くらいの奥行きをもったコインロッカーを思い浮かべてもらえばよい。砂岩層の側壁が五、六段の棚状に深く彫り込まれ、興味深いことにそのうちのいくつかの扉の部分には、被葬者とおぼしき人物の彫像とその氏素性を示す碑文を刻んだ石板がはめ込まれていた。人骨を調べだして最初に注目したのは、この彫像と中の人骨の関係である（図46）。

図46　イアルハイの頭骨と影像

パルミラではこれまでの発掘でも多数の人骨が出土しているが、なぜかその詳しい報告はなされてこなかった。このC号墓で実際に調べて見ると、はたしていくつか意外な事実が浮かび上がってきた。各納体室は大人一人がやっと潜り込める程度の大きさなのだが、その狭い空間にしばしば複数の、最大で六体もの成人が埋納されていたことがわかった。日本でも古墳時代の横穴墓等で繰り返し追葬が行われた事例があるが、こんな狭苦しい、しかも個人を特定する彫像や碑文が刻まれた石蓋付きの納体室に次々と遺体を押し込むというのはどういうことなのか。中国でも例えば漢代に個人名を記した煉瓦《れんが》造りの墓が作られたりしたが、そこでは盗掘こそあれ、こんな混乱した埋葬状態は報告されていない。中には追葬ではなく、二〇歳前後の妙齢の女性と熟年の男性という、やや気になる組み合わせで同時埋葬された事例も見つかったが、ともあれ、こうして詰め込まれた遺体の重さも影響したのだろう、ほとんどの納体室の床が落ちてしまって、時には五、六段の縦一列の全ての人骨が最下段からごちゃ混ぜに積み重なって出土したりした。おかげで発掘者は身動きもままならない納体室の中で、一個一個の骨に番号を付け、図面と写真で記録しながら少しずつ掘り下げていくという、少々気の遠くなるような作業を強いられることになった。そして、そのバラバラになった骨を筆者と古賀英也が一個一個より分け、復元して個体識別を行い、さらにはそれらの個体が元々どの納体室に、どういう順序で埋葬されたのかを割り出していったわけである。

被葬者の関係を探る

単なる個体識別だけではなく、埋葬位置や順序まで突き止めようとしたのは、当時の埋蔵習俗を知ることに加えて、彫像に掘られた人物がどの骨に当たるのかを明らかにしたかったからである。パルミラでは、前述のように人骨の詳しい調査がなされたことがないため、例えば納体室の扉の彫像や文字が本当に中の被葬者に対応したものかどうかすら確認されていない。おそらくそうだろうという想像は簡単だが、墓から古代パルミラ社会の一端をうかがおうとするなら、まずは確認しておくべき基本事項となろう。また、彫像が本人の顔かたちを復元したものなのか、それとも単なる既製品をはめ込むだけなのか、その表現形式の変遷を追うだけでも美術史や考古学の一つの研究テーマになるはずである。そしてまた、もし彫像や碑文が確かに中の人骨に対応することが確かめられ、さらにそうした彫像と骨の組み合わせが何組か得られたならば、それは結果的に血縁関係のわかる人骨が揃うことになり、非常に大きな資料価値を持つことになろう。一般的に血縁関係にある者が互いに似るというのは自然なことだが、しかし親から子へと、遺伝子の表現形としての骨の形態的特徴が具体的にどのように伝わっていくのか、というごく基本的なところが実はまだよくわかっていないのである。それは一つには、そうした血縁関係のはっきりした人骨が、現代と過去を問わず世界的に非常に限られているからである。かつて九州大学医学部で解剖学を担当した人類学者、故金関丈夫は、こうした未開拓の分野の将来の研究のためにと、父親と自身の骨を九州大学に遺しており、その遺言でいずれはご長男の骨も揃うことになっている。

現実はしかしそう甘くはなかった。悪戦苦闘のすえ何とか五体分の骨と彫像の組み合わせを突き止めることはできたが、たび重なる追葬や盗掘の影響もあって骨の保存状態が悪く、ある程度特徴のわかる組み合わせは、墓主のイアルハイと、他には彫像だけで名前が刻まれていなかったもう一体に限られてしまった。これでは血縁のわかる人骨群というには程遠く、残念ながらその後に調査した地下墓でも似たような結果で、これまでのところ当初期待したような血縁のわかる人骨群はまだ得られていない。ただ、いずれ内乱が治まり、各国がまた競い合って調査を再開すれば、そうした資料が得られる可能性は十分あろう。それにしても、顔なじみになったあの人の良いパルミラの人たちや、奈良隊が調査した墓の横にテントを張って二〇年以上も見張ってくれているベドウィン一家は、激しさを増しているこの内戦の中でどうしているのだろうか。先日、シリア第二の都市であるアレッポの博物館長から話を聞く機会があったが、博物館は無残な略奪を受け、世界遺産になっていたスーク（市場）も焼き討ちにあって見る影もなくなっているという。一日でも早い和平の実現を望むばかりである。

復顔―墓室の彫像と埋葬人骨

ともあれ、C号墓の主であるイアルハイの彫像に対応する人骨が確認できたので、先にも触れたような当時の埋葬習俗、肖像彫刻の実態を探る目的で復顔《ふくがん》を試みることにした。納体室に嵌《は》めてある彫像がはたして被葬者の顔を映したものなのかどうかである。

当初は予算もないので自分で作成するつもりでいたのだが、樋口隆康の後を継いだ西藤清秀がこの計画をパルミラ調査の主要テーマの一つにとり上げてくれることになった。おかげで、イアルハイだけではなくもう一体の彫像分を加え、この分野で高い評価を受けているロシアの復顔研究所と日本の彫刻家翁穣に依頼することができた。今回の復顔作業で

図47　イアルハイ（上段）と無名個体（下段）の復顔（西藤清秀提供）

ポイントになるのは、先にも述べたように墓に飾られた彫像がその人物のいわば「肖像」になっているのか否かを探ることだが、すでに何度も彫像を目にしている私が復顔を試みたのでは似たようなイメージで作りかねず、有効な検証にはならないだろう。だから、この二者に依頼する時も、あえて彫像の写真は見せず、顔以外の、例えば衣装の襟元《えりもと》の様子や無名個体のおでこが禿《は》げていることだけを伝えて、骨のレプリカだけを頼りに作成して貰うことにした。

図47に示したのがその結果である。彫像と比べてどうだろうか。人の表情は目や鼻、口元などの軟部組織の形（つまり、骨形態からは不明な部分）に大きく影響

されるので、おそらく一〇人に復顔を依頼すれば、ほぼ一〇通りの微妙に違う印象の顔ができてくるだろう。ここに並べた各々二つの復顔像にも確かにそうした違いはあるが、できあがってきたこれらの顔に初めて接した時の私の第一印象は、意外に影像に似ているな、というものだった。意外にというのは、作成を依頼した専門家を信用していなかったからではない。各々、ほとんど個人特定が可能なまでの復顔を成功させた実績の持ち主である。ただ、かつて人類学会で復顔に関する研究報告があった時、同じ頭骨から作った顔が五例以上は並んでいたかと思うが、そのばらつきの大きさに驚いた記憶があったし、今回はしかも両制作者の間には手法上の違いもあったので、もっと違った印象のものになるのではと半ば恐れていたのだ。

もともとイアルハイの影像の口幅や額などは、おそらく当時の制作上の流行かそれとも強調のためか、あまり例のない程の狭さになっているし、無名の別個体のおでこの禿げ具合なども含め、頭骨だけが頼りの復顔作業ではどうしてもカバーできない部分もある。そうした軟部組織の再現にはいわば不可避のブレがつきまとうことも斟酌《しんしゃく》した上で顔の全体的な輪郭や部品の配置など基本的な造作に注目して見比べてみると、各影像と復顔の間にはかなり共通したところが見て取れるし、復顔の元になった二つの頭骨間の違いも各々の顔の違いとなって再現されているように思うが、どうだろうか。後で西藤がスーパーインポーズ法を用いてこれらの復顔と彫像を重ね合わせると、目や鼻、口などの配置が見事に一致することも証された。

いろんな不確定要素が絡んだ試みなので決定的な結論は出しにくいが、今回の復顔の結果からみて、当時、世界でもまだエジプト以外では普及していなかったリアルな肖像彫刻がパルミラでも実現され、埋葬に用いられていた可能性が高いようだ。日本ではまだ農耕社会の形成途上にあった時代、砂漠のオアシス都市パルミラでは早くも死者の肖像まで準備して丁重に埋葬するような社会ができていたのである。

古代パルミラの人々

ローマ時代のパルミラ人に関する課題はもちろんこれだけではない。人骨を調べていく中で、他にも思いがけない問題が浮かび上がってきた。

その一つは、これまで発掘された三〇〇体近い人骨の中に、どう見ても異分子としか思えない女性が紛れ込んでいたことである。他の全ての人骨は、高い鼻梁《びりょう》と深く落ち込んだ眼窩《がんか》が特徴的な、現在のパルミラ人や中東全域でおなじみの顔つきの人たちなのだが、一体だけ、ハナの低い扁平な顔立ちの三〇代くらいの女性が紛れ込んでいたのである（図48）。それは、これまで日本や中国で嫌というほど出会ってきた顔であった。後述の渡来系弥生人というのがそれで、中国やロシア領沿海州《えんかいしゅう》でも数千年前から広く分布していた、面長、扁平という共通した特徴をもった人々である。試みに手元にあった北部九州弥生人の計測値を用いて分析してみると、問題の女性（LL5-0号）は他の古代パルミラ女性からは離れて、日本の北部九州弥生人の仲間に入ってしまった（図49）。二度ほど歯を用いたDNA分析も試みたのだが、残念ながら保存状態が悪いということで遺伝子による検証はできなかったが、特徴としては少し反っ歯気味な点など、見れば見るほど東アジア人にそっくりである。

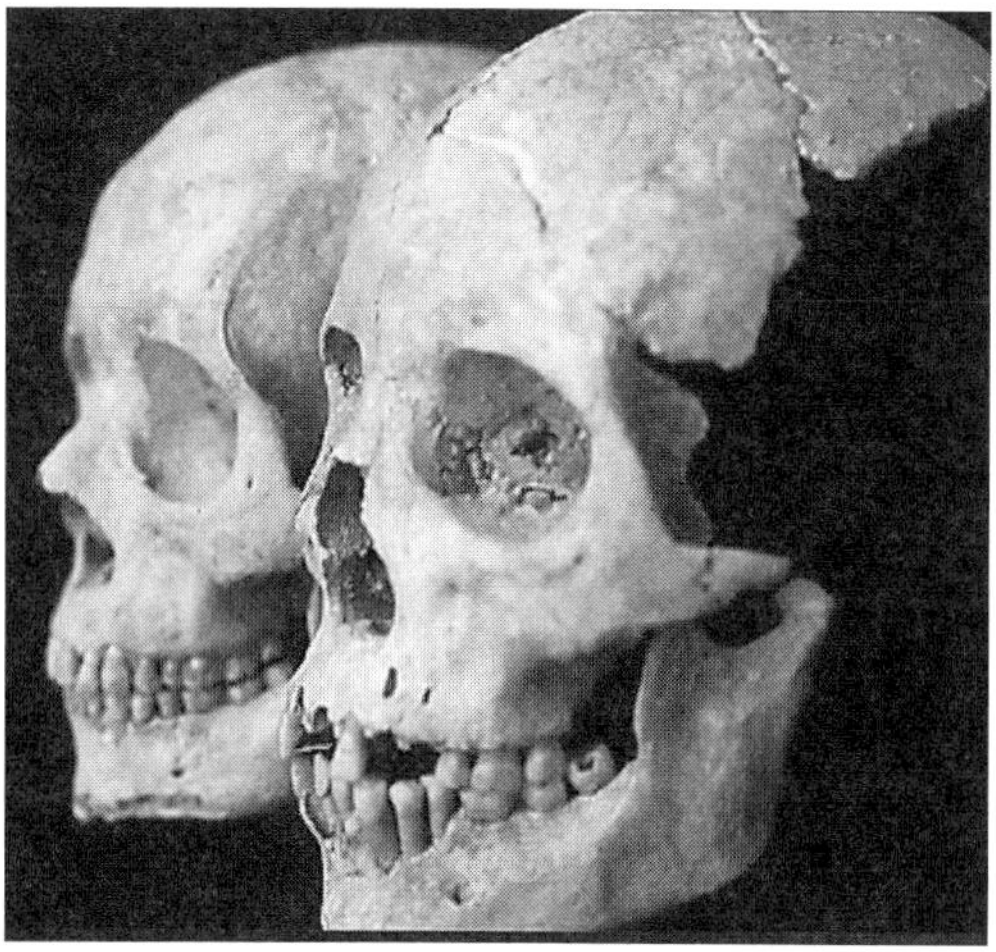

図48　東アジア人にそっくりの女性（右手前，左はパルミラの平均的女性）

この結果を橿原考古学研究所で開かれたシンポジウムで発表したところ、菅谷文則所長から興味深い指摘があった。この人骨が出たC号墓が作られたころ、中国からの使節団がシリアまで来ていた事実があるというのである。『後漢書』によると、紀元九七年に当時の後漢の将軍班超《はんちょう》が「大秦国」（ローマ帝国）にむけ甘英《かんえい》という使節を派遣し、今の「安息」（パルティアと呼ばれるイラン周辺をさす）を経て「条支」（シリア）に至ったと

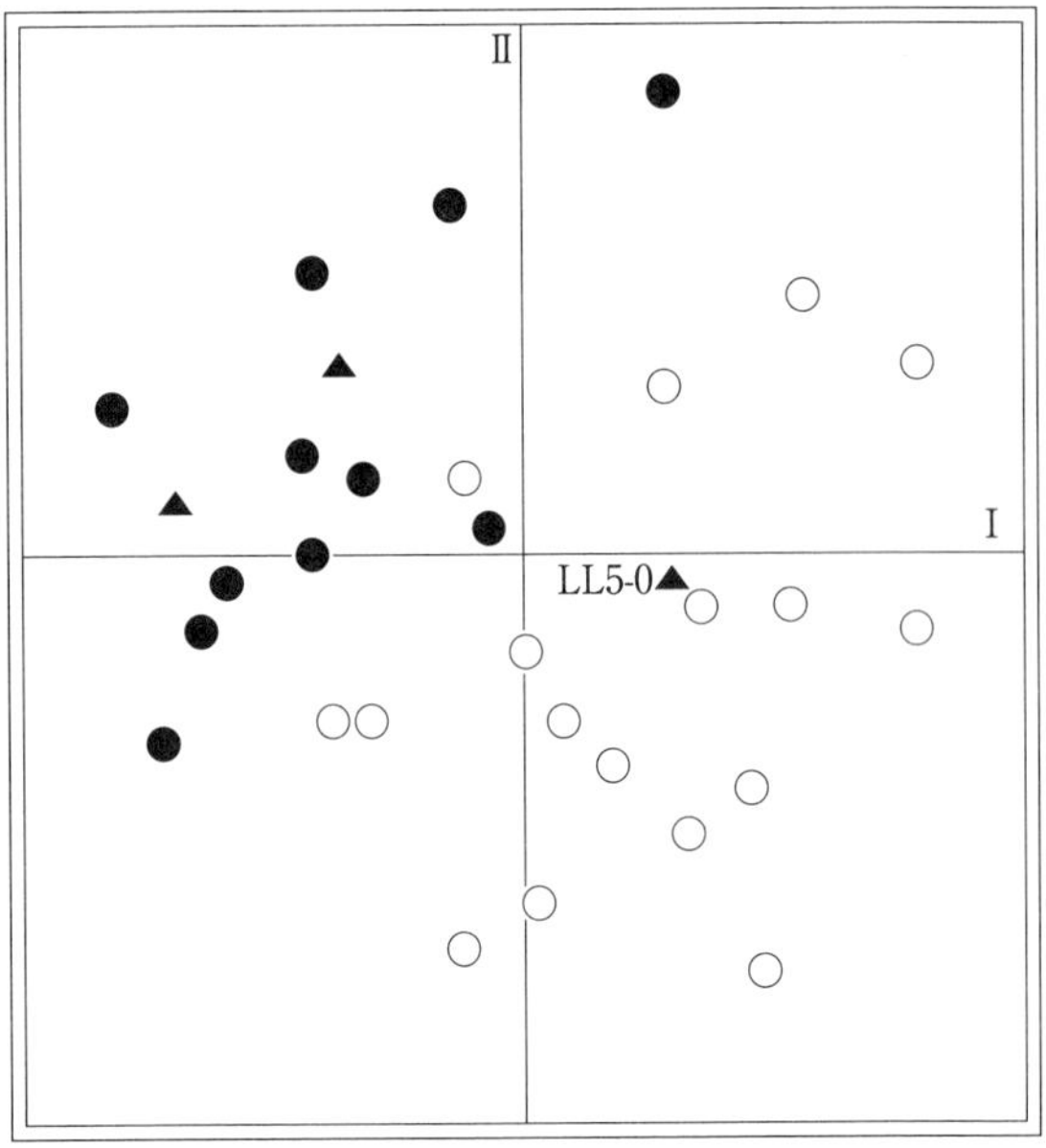

図49　主成分分析（弥生人○とパルミラ人●▲）による
LL5-0 女性頭蓋の位置付け

いうのである。

最初にも記したようにパルミラは古代より地中海とメソポタミアを結ぶ隊商の中継基地として栄えたオアシス都市である。甘英が率いる使節団は地中海まで達したものの、ローマへはそこから海を渡らねばならないと知って引き返したというが、当時はるばる中国からやってきた隊商があったなら、その行き帰りにパルミラを通った公算は高い。問題の女性が本当に東アジア起源か否か、その検証はまだ必ずしも十分とはいえないが、「時期や場所から見て甘英の使節団の一員ではないか」という菅谷の言は大いに想像をかき立てるではないか。ちなみに、この甘英がローマを直前にして帰還してから程なく（紀元一二〇年)、今度はローマから技芸師の一行が中国にやってきて(『後漢書』南蛮西南夷伝)、以後、民間レベルで遠く中国とローマとの交流が始まったという。筆者自身はその一部をたどっただけだが、あの過酷で気が遠くなるほど長い道程を思い浮かべると、つくづく人間とは途方もないことをやり遂げるものだという思いを新たにさせられる。

フッ素症に侵された古代パルミラ人

最後に古代パルミラ人の骨を調べていてもう一つ気になったことを紹介しておこう。それは、関節を傷めた個体がひどく多いということである。特に膝《ひざ》は四〇歳以上になるとおよそ七割、六〇歳を超えるとほぼ全員に異常な骨増殖や変形が見られた。もともとこうした関節疾患は加齢と共に罹患率が増すのが一般的だが、それにしてもこんな高頻度は異常である。興味深いことに、現代のパルミラ人の中にも膝の悪い人が目に付き、調査隊の運転手を努めてくれたモハムド氏も、また彼のお父さんも膝が容易に曲げられないほど痛むという。さらに、調べた骨の中には表面が白く刺立って、まるで珊瑚《さんご》のような外観を呈するものや、図50のような単なる骨折というより全体がガラスのように砕けてまた溶かし付けられたような、ひどい変形治癒例も見つかった。

当初はこうした病変についても、砂漠のオアシスという厳しい環境に住む人々のやや特異な現象かという程度に考えていたのだが、思わぬ成り行きから、これらを結びつけるあ

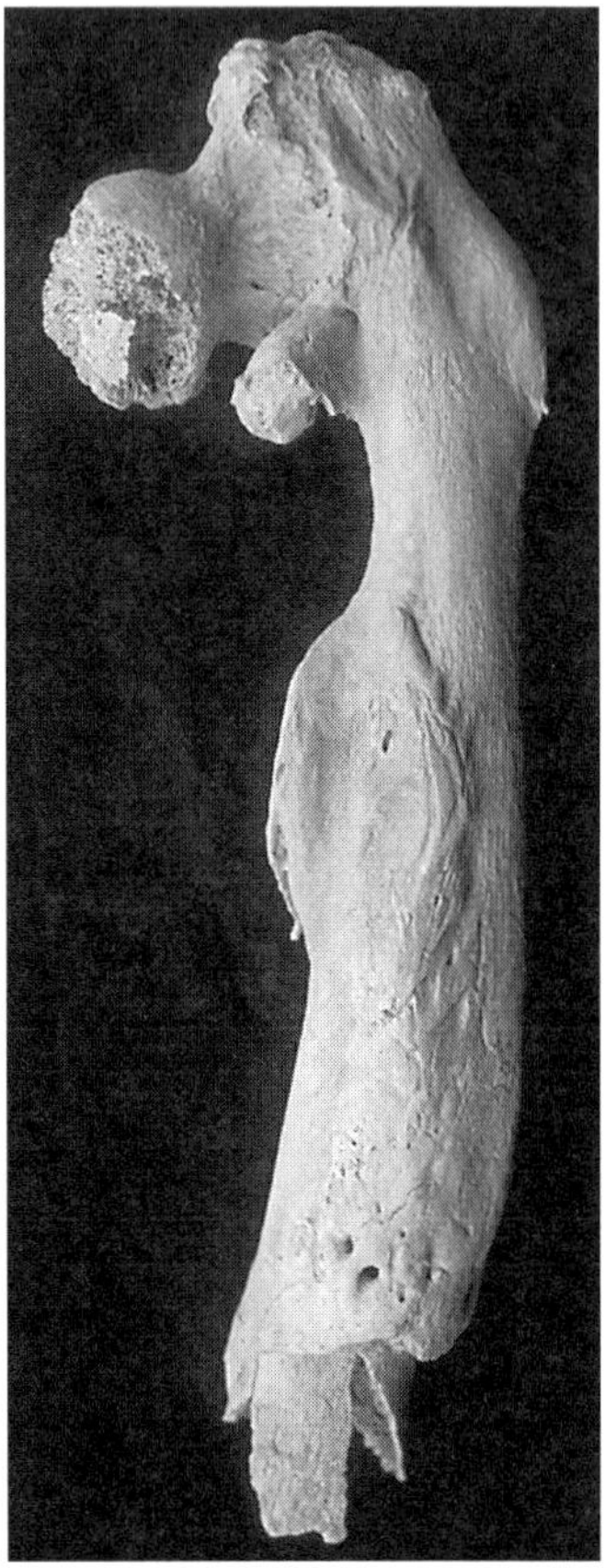

図50　複雑に骨折した左大腿骨

る病因が浮かび上がってくることになった。そのきっかけとなったのは、パルミラ人の歯である。現在でもなぜかパルミラでは歯が茶色く変色した人が多いのだが、今回の調査で調べた約二〇〇〇年前のパルミラでも同じような変色歯を持つ人骨が多数見られたのである（図51）。つまり、少なくとも二〇〇〇年以上も変わらぬ何らかの共通要因がパルミラ人に悪作用をしているらしい。そうなると誰しもまずはこの地に特有の食べ物や飲み水の類を疑うだろうが、ただ筆者自身もそれ以上の追求はできないでいた。ところが、そこにたまたま取材に来た日本のテレビ番組でこのパルミラ特有の歯の変色を紹介したところ、放映からしばらく経ったある夜に、当時、立教大学におられた故香原志勢から、テレビで

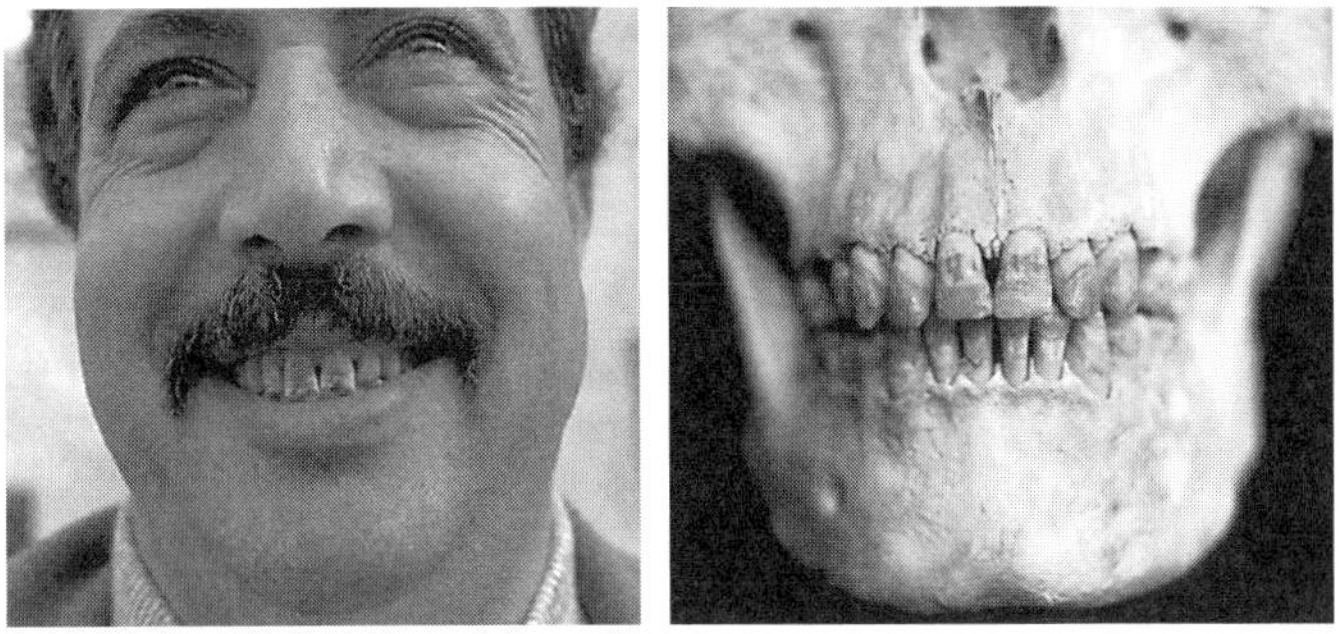

図51　現代（左）とローマ時代（右）のパルミラ人の茶色く変色した歯

見た歯の変色はフッ素による斑状歯（歯が不透明な白色や茶色に変色した状態）ではないかという電話を頂いた。さらに、実際にフッ素症に関する訴訟に取り組んでいる弁護士の方からも、手紙に添えてこの病変に関する文献資料の厚い束が送られてきた。すでに日本でも兵庫県の西宮や宝塚市で裁判沙汰になっているのだという。

果たしてパルミラの歯の変色はどうなのか、こうなると何とかフッ素との関連を明らかにしなければならない。そこで、同じ大学の化学分析の専門家である吉村和久の協力を得て、まずは古代からパルミラの人々が飲み続けてきたと思われる何ヵ所かの泉水のフッ素含有量を調べてもらった。その結果、果たして斑状歯を十分起こし得る二ppm以上の値が、特に街中のほとんどの泉で検出された。さらに、肉眼観察で変色している歯と正常な歯を区別し、各々に含まれているフッ素含有量を比較してみると、明らかに変色歯の方で高濃度のフッ素沈着が確認された。少なくとも歯の茶変がフッ素と関連していることはほぼ間違いなかろう。

実はフッ素は虫歯の予防に効果的だということで、すでに前世紀の半ばからアメリカなどでは飲料水に混ぜる動きなども見られたが、やがてその量が過剰になると逆に斑状歯をはじめとして人体に様々な悪影響を及ぼすことが明らかにされていった。特に幼児期から長年にわたってフッ素濃度の高い水を飲み続けたりすると、石灰化の異常で骨がひどく脆《もろ》くなったり、靱帯《じんたい》や腱などの骨化、関節症や骨粗鬆《こつそしょうしょう》症の増大、あるいは軟部組織でも動脈硬化や尿道結石などを起こして、その影響の範囲は広範で時には深刻なものになることも知られている。

こうなると、パルミラでも斑状歯の問題だけにとどまる話ではなかろう。最初に紹介した砕けるような骨折や多発する関節疾患、骨表面の異常な石灰化など、いずれもフッ素症による病変像と合致するではないか。フッ素症か否か、さらに念押しのため、古代パルミラ人の虫歯頻度をその後に発掘した二つの地下墳墓出土の人骨も含めて調べてみたが、平均でわずか二・九％（二七一四本の歯のうち七八本が虫歯）にとどまっていた。日本の縄文人でおよそ一〇％前後、農耕が始まった弥生時代以降はおおむね二〇％以上に達することを考えれば非常に低い罹患率である。確かに古代パルミラ人がフッ素症に見舞われていたことを裏付ける結果であり、見方によってはフッ素のプラス面での恩恵を受けているといえなくもないが、弊害がこれだけ大きいと、有り難く思う人は少なかろう。

過日、こうした分析結果を何人かのパルミラの知人にも伝えたが、戸惑うような反応が返ってきただけだった。もどかしい限りだがわからないでもない。なにしろパルミラは広大な砂漠に囲まれたオアシス都市である。飲み水が悪いといっても、そう簡単に別の水源を求めることもできない。もう少し生活レベルが上がって、みんなが市販の清涼飲料水を飲めるようになれば少しは改善されるかも知れないが、はたしていつのことになるだろうか。

縄文人から弥生人へ

倭人の登場

弥生時代人——渡来説の復権

一万年以上もの長きにわたって日本列島のほぼ全域に根を広げ、独特の文化を醸成した縄文時代も、今からおよそ三〇〇〇年近く前、ついに終わりの時がくる。その終焉をもたらしたのは、大陸から海を越えてやってきた人とその文化であった。

ミッシングリンク——謎の弥生時代人

時代の呼称が変わる時期というのは何かしら社会変動が絡んでいるものだが、この縄文から弥生への変化は、日本の長い歴史においても特筆すべき画期となるものであった。周知のように、この時代を契機にわが国に水田稲作という新たな生業が普及し、青銅器や鉄器などの金属器が導入されるなど、当時の先進文化の影響を受けて人々の生活が大きく変わっていく。中国の史書に倭国、あるいは倭人として始めてその存在が浮かび上がってくるのもこのころであり、彼らは単に大陸文化の受容者にとどまらず、自ら求めて中国王朝との関係構築をめざし始めた人々でもあった。そして、そうした変動の中で次第に人々の間に貧富の差や階層差もあらわれ、有力な首長を戴いたクニの誕生とその凌《しの》ぎあいを通して地域統合も進み、やがては大和朝廷という中央集権の樹立へとつながる大きな変革が胎動し始めるのである。この激動の時代を生き、自ら変革を担い、実現した弥生時代人とはどういう人々だったのだろうか。

ミッシングリンクというのは人類の起源探索でしばしば出会う言葉だが、日本人の起源を探る研究でも、どういうわけか最も必要な鍵になる時代や地域の資料が欠落していることが珍しくない。弥生時代人は、明治以来のわが国の人類学研究において、まさにミッシングリンクとして長年にわたり研究者たちを悩ませてきた。今でいう縄文時代を、「石器時代」と呼んでいた研究開始当初から、その石器時代の後に出土し始める勾玉《まがたま》や青銅器の時代の人々が、日本人の形成に重要な役割を果たす存在としてすでに浮かび上がっていた。例えばアイヌ先住民説を唱えたシーボルトや小金井良精《こがねいよしきよ》にしろ、コロボックル説を唱えたモースや坪井正五郎《つぼいしょうごろう》にしろ、先住民についてはあれこれ異論をぶつけ合ったものの、その石器時代人が住んでいた日本列島に大陸から勾玉や青銅器を持った渡来人がやってきて入れ替わったとする点ではほぼ共通していた。まだ「弥生時代」という呼称さえ無かったころのことではあるが、そうした人種置換が起きたとされていたのは、現在の呼び名でいえばこの弥生時代のことに他ならない。あるいはまた、大正から昭和にかけて、渡来人との混血効果を認めるか否かで考えを対立させた清野《きよの》謙治《けんじ》や長谷部《はせべ》言人《ことんど》にしても、その混血の有無を問うていた論争の舞台は他でもない弥生時代であった。

ところが皮肉なことに、議論の主役たるべき弥生時代人の姿が資料欠落によってなかなか見えてこなかったのである。理屈の上で「渡来人」を想定するのは簡単だが、まずはその時代の人々がどういう特徴の持ち主だったかがわからないと、縄文人からどの様な、どの程度の変化が起きたのかもわからず、「渡来人」の関与や混血の有無など議論の仕様もない。

戦後の混乱を経てようやく経済成長の波に乗りだした一九五五年（昭和三十）ごろ、この分野にも大きな朗報がもたらされた。佐賀県の三津永田《みつながた》遺跡と山口県の土井ヶ浜《どいがはま》遺跡から相次いで待望の弥生時代人骨が、それも大量に出土し始めたのである。自ら発掘まで手がけてこの両遺跡で弥生人骨の収集に当たったのは、九州大学の金関丈夫とその門下生であった。特に土井ヶ浜遺跡では二〇〇体を超す弥生人骨が出土し、始めて当時の弥生人の実像が浮かび上がってきて、議論は一気に充実の度を増していく。

明らかになった弥生人の姿は、当時この分野に関っていた研究者たちにおそらく大きな驚きを持って受け止められたに違いない。従来の、例えば縄文人と古墳人との比較研究などから考えられていた以上に、土井ヶ浜弥生人たちの特徴は縄文人との間に大きく明確な隔たりを示すものであった。同時に、現代日本人は明らかに縄文人よりもこの弥生人の特徴を色濃く受け継いでいることもわかってきた。やはりこの縄文時代から弥生時代への推移の中で、文化のみならず人々の身体にも何か大きな変化がもたらされていたのである。

土井ヶ浜や三津永田遺跡の登場以後、九州や山陰地方では続々と弥生人骨が追加され、様々に角度を変えた研究が積み重ねられていった。その中で、特に北部九州・山口地方弥生人（渡来系弥生人とも呼ばれる）の持つ、縄文人とは異質ともいうべき特徴がますます明確になり、この時代を契機にあらわれた新形質がかなり急速にその後の列島各地に広がっていく様相も描き出されていった。そして現在では、これら弥生時代人で確認された身体形質の激変は大陸からの渡来人によって引き起こされたとする見解がほぼ固まりつつある。具体的に何が明らかにされ、どうして渡来人の関与が想定されるようになったのか、まずはその経緯を以下に概括しておこう。

縄文人から弥生人へ

昭和三十年代に発表された当時、大陸からの人の流入を想定した金関丈夫の「渡来説」への賛同は必ずしも多くはなかった。しかしその後、次第に支持を増やしてきたのは、以下のような諸分野にわたる研究蓄積による結果である。

①北部九州・山口地方から出土した弥生人骨は、縄文人との間に大きな不連続ともいえる形態的隔たりを持っている。また、この新しい特徴を共有する人骨が、時間の経過と共に北部九州から列島各地に広がっていく様相が見られる。

②現代人を対象とした各種の遺伝学的な分析によって、日本列島ではやや不自然ともいえる地域差、つまり列島両端の北海道と沖縄の住人が類似する一方、本州域はより大陸集団との間に類似性を示すというパターンが繰り返し示された。そしてその成因として、先住集団の住む日本列島に大陸から異なった遺伝特性を持つ人々が流入してその影響が本州域を中心に広がり、そうした影響を受けにくかった列島両端には古くからの特徴が残されたのでは、という解釈が一定の合理性を持つに至った。

③同時代の大陸各地（朝鮮半島・中国）に、北部九州・山口地方弥生人の祖型となり得る特徴を持った集団が確認された。

④渡来文化であることが明らかな、また弥生時代の幕開けを示す指標ともなる水田稲作の痕跡が北部九州で最初に確認され、考古学的な検証からそれが単なる先進文化の流入だけではなく、人の流入も伴ったものとする解釈が広まった。

以下にこれらの研究成果のいくつかについて紹介しておこう。まず、最初に、渡来説定着の基石になった北部九州・山口地方出土の弥生人骨に関する形態学的な分析についてである。金関らによって初めて明らかにされた彼らの特徴は、高顔・高身長という形容でよく紹介される。低顔・低身長の縄文人とは好対照で、両者の特徴の違いが簡潔に表現されている言葉だが、彼らの特徴の違いはもちろんこれだけではない。表2に縄文人と北部九州・山口地方弥生人の違いをまとめて示した。また、図52に、両時代の男性頭骨を示した。

北部九州・山口地方弥生人――新形質の出現

こうして並べて見ると、やはり両者の顔の輪郭というか、高さと幅のプロポーションの違いにまず気付かされる。図53は、過去数千年間の上顔示数（顔高／顔幅）の時代変化を日本列島の東西で比較したものだが、北部九州・山口地方で起きた縄文から弥生への変化は、全時代を通じてもっとも変化幅が大きく、なだらかな推移を示す関東地方での変化とかなり異なった様相を示している。弥生人の顔幅はまだかなり広いので、この図のように顔型（つまり顔高／顔幅の比率）で見ると細面の現代日本人には及ばないが、比率ではなく顔高だけを比較すれば、北部九州・山口地方弥生人は現代人よりもなお高くなっていたこともわかっている。つまり、縄文から弥生にかけて、日本人の歴史上、顔高の最低値から最高値へと一気に変化したことになる。

表2　縄文人と弥生人(北部九州・山口)の形態比較

部　　位	縄　文　人	弥生人(北部九州・山口)
(頭部)		
脳頭蓋	大きく，やや低い	やや大きく，高い
顔の輪郭	幅が広くて低く，顎のエラが張って四角い	幅がやや広く，著しく高く面長
顔の扁平性	弱い(彫りが深く立体的)	強い
眉間部，眉弓の発達	強い	弱い
眼窩	四角く低い	丸みを帯び，高い
鼻	幅広だが鼻梁が高い	鼻梁が低く扁平度が強い
噛み合わせ	鉗子状(毛抜き状)	鋏状
歯	小さくてシンプル(スンダドント)	大きくてやや複雑(シノドント)
(咬耗)	強い	弱い
(体部)		
平均身長(男性)	158-159ccm	162-163cm
前腕長(対上腕長)	長い	短い
下腿長(対大腿長)	長い	短い
大腿骨の柱状性	強い	弱い
脛骨の扁平性	強い	弱い
筋の発達度	強い	やや弱い

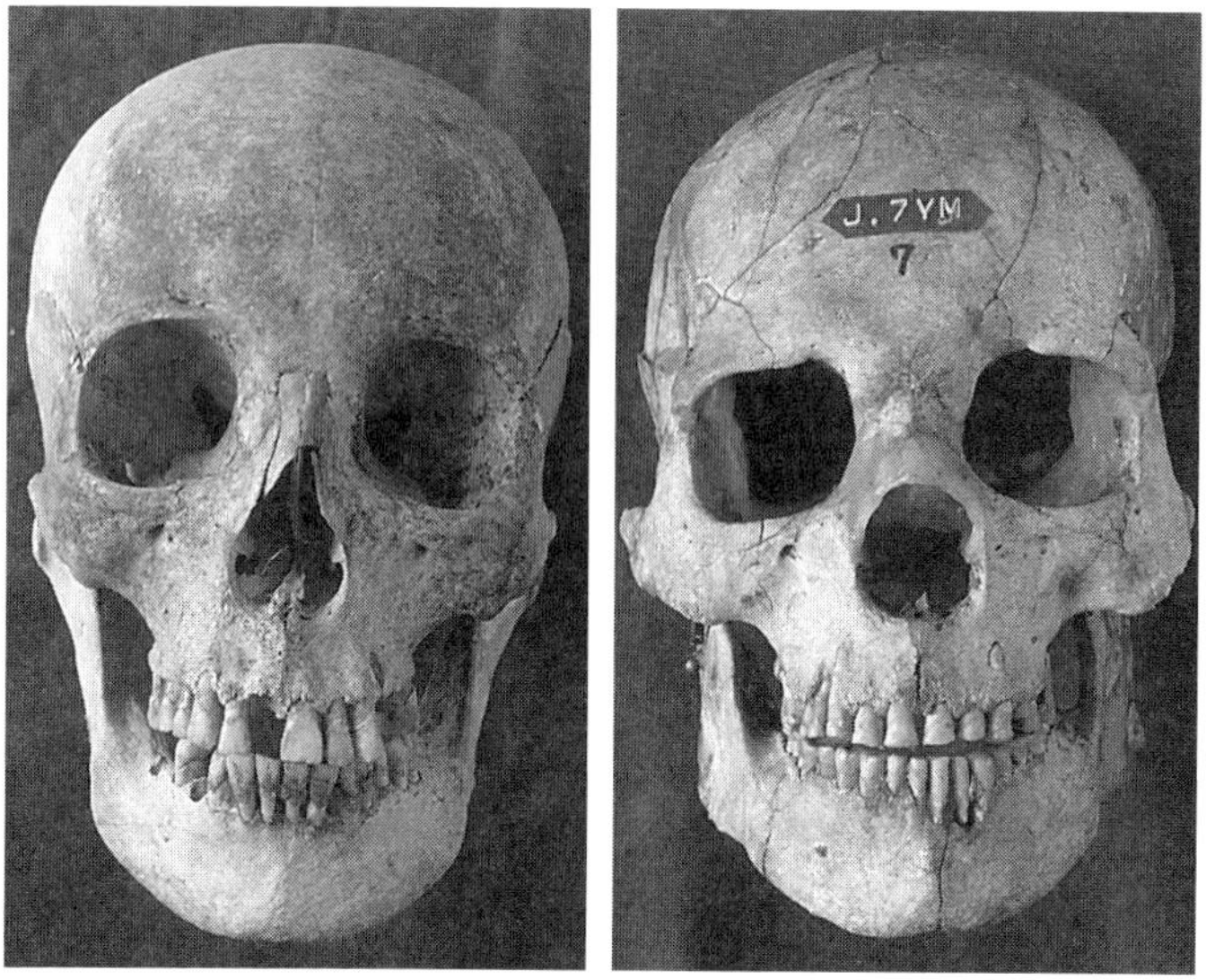

図52　隈西小田遺跡弥生中期人（筑紫野市教育委員会所蔵）（左）と
山鹿貝塚縄文後期人（九州大学総合研究博物館所蔵）（右）

両時代の頭骨を並べた時にもう一つ目につくのは、縄文人のごつごつした厳《いか》つい印象と、弥生人の何となくソフトなのっぺりした顔付きの違いである。縄文人の厳つい顔つきには、前述のように顎《あご》のエラの張り出しや、直線的な眼窩《がんか》上縁《じょうえん》、そして何よりも顔の中央部の眉間《みけん》から鼻にかけての部分の凹凸の強さ、彫りの深さが特徴的なのだが、弥生人になると、眼窩上縁も丸みを帯び、鼻骨周辺の凹凸も減って、全体的に扁平《へんぺい》性の強い特徴を見せるようになる。世界の様々な集団の中に置いたとき、現代日本人の顔はのっぺりした扁平顔の部類に入るだろうが、日本列島の先住民である縄文人は意外にもそうではなく、弥生時代になって初めてそうした特徴があらわれて現代日本人まで引き継がれているということである。

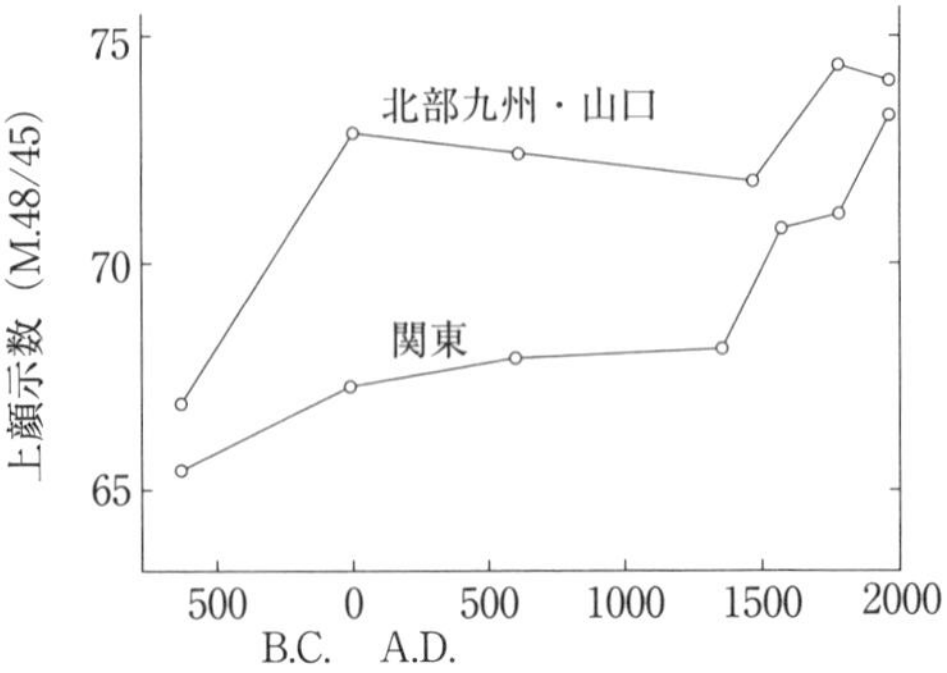

図53　上顔示数（顔高／顔幅）の時代変化（北部九州・山口地方と関東地方）

歯と体型

縄文人から弥生人の移行問題に関しては、歯に見られた変化についても触れておかねばならない。右記のように縄文人は頬《ほお》骨《ぼね》や顎のエラ（下顎角《かがくかく》）の張り出しが強く、いかにも咬む力の強そうな頑丈な印象を与えるものが多い。どうやらこの印象が、専門家の目まで狂わせていたらしい。一九八二年（昭和五十七）、日本人の起源論争に一石を投じる論文が、アメリカの人類学雑誌に発表された。ミシガン大学のR・C・ブレイスと九州大学の永井昌文によって、縄文人の歯のサイズが、なんと現代人よりもなお小さいことが明らかにされたのである。人類の歯のサイズは一般的に大きく複雑な形状を持つ歯から、小さくシンプルな歯へと時代と共に変化してきたことが知られている。ところが、なぜか日本列島では、時代的に古い縄文人の歯が次の時代の弥生人の歯よりずっと小さく、さらに現代人と比較してもなお下回るというのである（図54）。

後世になるほど歯のサイズが小さくなるという一般的な時代変化の傾向から見れば、弥生人と現代人、縄文人とアイヌの関係は、それぞれ前者を先祖、後者を子孫と見なせば他の情報とも矛盾せず、理解しやすいだろう。しかし、縄文人と弥生人の間では、通常とは逆の変化になっているため単なる進化現象では説明できそうもなく、その背後に何か別の要因が絡んでいることを強く示唆する結果になっている。

この論文は、発表当時、日本の研究者たちを大いに驚かせた。それまで多くの研究者が長年にわたって日本の古人骨に関する研究を続けてきたが、ブレイスらの発表まで誰もこの単純な事実を指摘する者はいなかったのである。あわてて追試してみると、まさにブレイスらのいう通りであった。新鮮な、何の予断もない第三者の目によって長く看過されてきた事実が明らかにされるようなことはままある現象かもしれないが、それにしても、なぜもっと前に日本の専門家が指摘できなかったのだろうか。わずかに日本人研究者との共同論文であったことがせめてもの慰めだが、明らかにされた事実の面白さとは裏腹に、この論文は日本の専門家たちに苦い後味を残すものともなった。

ともあれ、弥生時代になると、体つきにも現代日本人のひな形になるような特徴があら

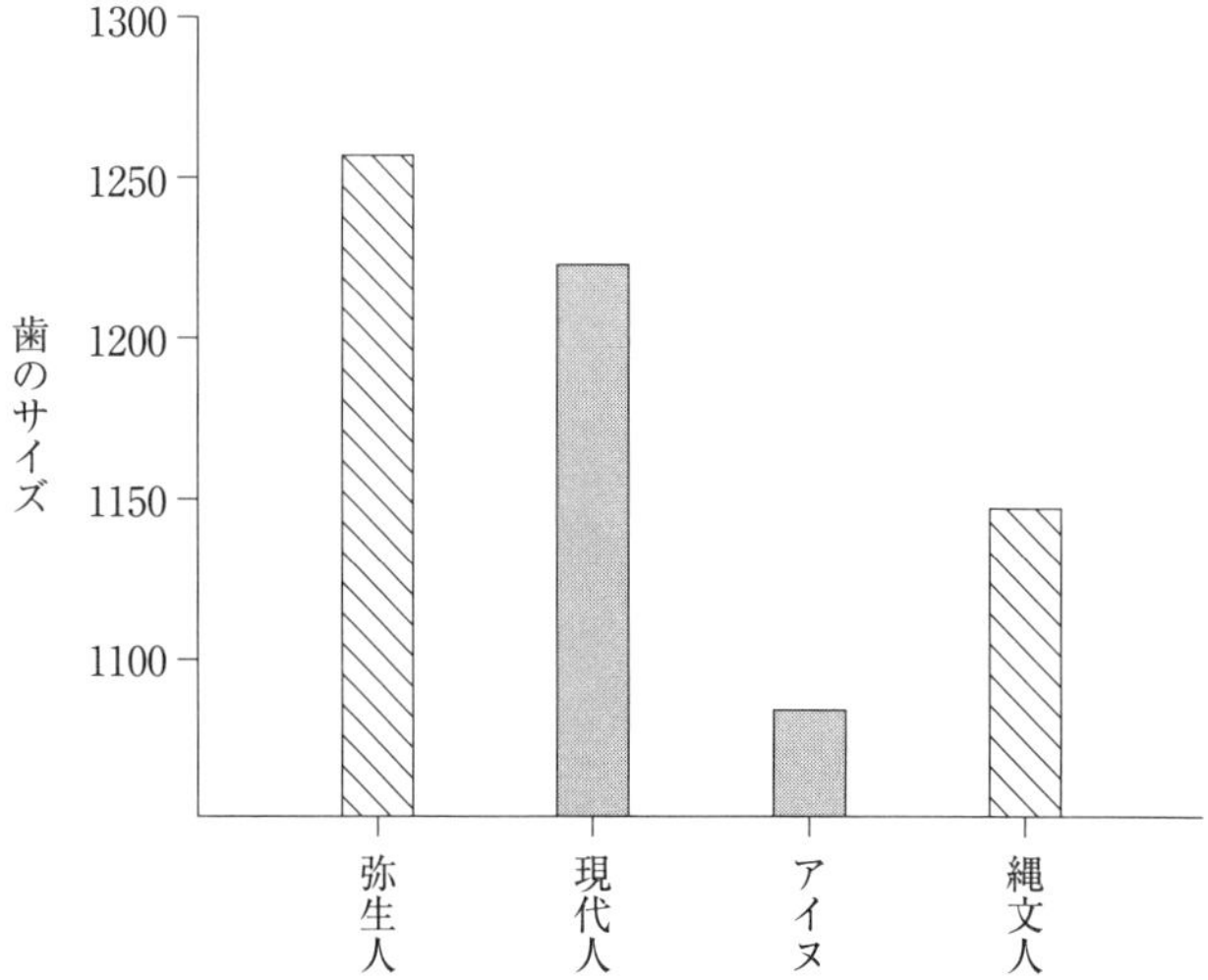

図54　歯のサイズの時代変化（Brace・Nagai，1982を改変）

われ始める。例えば、手足のプロポーションの変化である。現代の若者は身長も男性で一七〇センチを超え、手足もずいぶん長くなってきているが、それでもアフリカや欧米の人々に比べると、今なお胴長短足傾向を残している事実は否めない。この、おそらくはあまり有り難くない特徴を最初に体現したのが、北部九州・山口地方弥生人なのである。

彼らの手足を見ると、上肢《じょうし》なら前腕長／上腕長、脚なら下腿《かたい》長／大腿《だいたい》長の比率が縄文人に比べてずいぶん小さくなっているのである。つまり、四肢末端が相対的に短いということだが、この特徴は先の「謎を残す列島の先住民」の章で述べたように、一般的に寒冷地への適応形質とみられている。温帯地域にある日本列島の住人になぜこのような特徴が生み出されたのか。しかも、先住の縄文人がどちらかというと暖かい地方向きの体型であったことを考えれば、この変化もまた列島の人類史を探る上で重要な意味を秘めたものといえよう。

遺伝か環境か

両時代人の差異としてここに上げた諸特徴の中には、もちろん遺伝的な系統関係よりも生活環境の変化に影響されやすいものも混ざっており、両集団の関係を探る場合にもその辺りへの配慮が必要だろう。遺伝子が設計図になって様々な特徴が生み出されていることは事実としても、発生、成長過程に受ける種々の影響によって完成形に違いがうまれるというわけだが、そうはいっても、あらわれた形態変化のどこまでが遺伝でどこからが環境に因るものなのか、厳密な意味での見極めは遺伝子研究が急速に発展しつつある現在もなお困難である。生活・自然環境の何がどの部分にどのような変化を引き起こすのか、そもそも一個の単純な受精卵からどういう仕組みで複雑な形が形成されるのか、そうした遺伝子から形態形成に至るまでの発生・分化のメカニズムには最新科学をもってしてもまだまだわからない部分が多く、配慮と一口にいっても現状ではどうしても曖昧な部分が残ってしまう。

比較的なじみのある特徴として例えば身長を取り上げると、これは明治の文明開化以降、とりわけ戦後の日本人の急速な伸び（一九四五年〈昭和二十〉以降だけで男女とも約一〇㌢

の伸び）でも明らかなように、主に食生活など生育環境の違いが強くあらわれる形質の一つである。従って、単純に身長の高低を用いて集団間の系統関係まで言及するには注意が必要だろうが、実は金関は「渡来説」を提唱した当初、この身長の違いを論拠の一つにしていた。現代朝鮮人が高身長であることを参考に、土井ヶ浜弥生人の高身長も、かつて朝鮮半島から渡来した高身長集団の影響に因るのではないかと推測したのである。比較資料の少なかった当時としてはやむを得ない推考だったかも知れないが、おそらく金関説が当初はなかなか支持を集められなかった原因の一つになったのではなかろうか。

しかし、身長の変化に注目しても大した知見は得られないというわけでは決してない。日本人の身長がここにきて伸び率を鈍化させ、すでに頭打ちになっていることからもうかがえるように、栄養条件などでかなり大きな変異幅を示すものの、この形質もまた遺伝的に大枠を規定されていることに違いはない。従って、同系集団なら、その時代変化を追うことで生活内容の違い、例えば狩猟採集から農耕への変化などが身長の変化にもあらわれたりするので、生業など生活環境の変化を反映する良好なバロメーターと見なされている。実際、アメリカ先住民の社会では、かつて狩猟生活からトウモロコシ農耕への移行によって食料供給が安定し、人口が急増したものの、人々の身長は逆に低くなり、各種の疾患も増えたことなどが報告されている。狩猟採集から農耕へという、一見より高度な文明社会への移行が、逆に個々の住民の栄養、衛生環境を劣化させるという、やや皮肉な結果をもたらしたというわけである。しかし、類似の生業変化が起きた日本の弥生人は身長がかなり高くなっているので、少なくとも世界各地で報告されている、農耕化とそれに伴う生活環境の劣化という図式には当てはまらず、何か別のシナリオを考える必要性を明示しているといえよう。

話が少しずれてしまったが、先に表示した諸特徴の中では、例えば四肢骨の断面形態なども生活の違いが大きく影響する部分である。北部九州・山口の弥生人は、縄文集団とは異なって上肢よりも下肢の方が頑丈な傾向を見せるが、筋付着部の発達は縄文人ほどではなく、柱状大腿骨も急減する。これは野山を移動することの多い生活と、田畑を主舞台とした労働という違いから推測される変化と矛盾しないだろう。

それに対して、右記の四肢プロポーションの変化については、こうした生業変化等と結びつけて説明することには無理がある。確かに下腿部が長い脚は野山を走り回る生活には有利な面もあろうが、それが農耕生活に変わったからといって、筋肉の使い方で変化する断面形態ならいざ知らず、手足の長さの比率まで変化させたとは少し考えにくい。そこに淘汰《とうた》現象を絡めたとしても縄文から弥生へという短い時間枠でそのような現象が起きることは難しいだろうし、その点はまた、四肢プロポーションが気候条件への適応形質だとする右記の考えに従った場合も同じである。どういう条件ならどの程度の変化がどれくらいの時間経過の中で起き得るのか、そうした具体的な判断基準はまだ得られておらず、現状では曖昧な推測にしかなり得ないが、いずれにしろ、その変化にはかなりの長時間、世代交代が必要だろうから、両時代の人々の手足に見られたこの違いは、互いの系統関係を探る上で注目に値する知見になるはずである。

遺伝子と形態をつなぐ新研究

このほかにも、表示した各特徴には成長環境で変化する度合いに差があるものと推測されるが、右記のようにその詳細にはまだ不明な点が多い。ただ、今のところは、脳頭蓋の形よりは顔面部の形態に遺伝性が強くあらわれ、歯もまた環境よりも遺伝性の強い部分の一つと見なされている。ごく最近、こうした形態と遺伝子をつなげる研究結果が報告されて話題を呼んでいる。ヨーロッパ人五〇〇〇人余りを対象に、MRI（磁気共鳴画像装置）を使って得た形態情報と核DNAに見られた個人差のある部分とを照らし合わせて、目や鼻など顔面形態に関与する五個の遺伝子を浮上させることに成功したというのである。遺伝子から形態形成に至る仕組みの解明のためには、いずれ形態情報が必須の役割を果たす時がくることは以前から予測されていたが、「次世代シークエンサー」と呼ばれるDNA塩基《えんき》配列の読み取り速度を飛躍的に高めた機器の開発などもあって、早くもその成果の一部があらわれ始めたようだ。

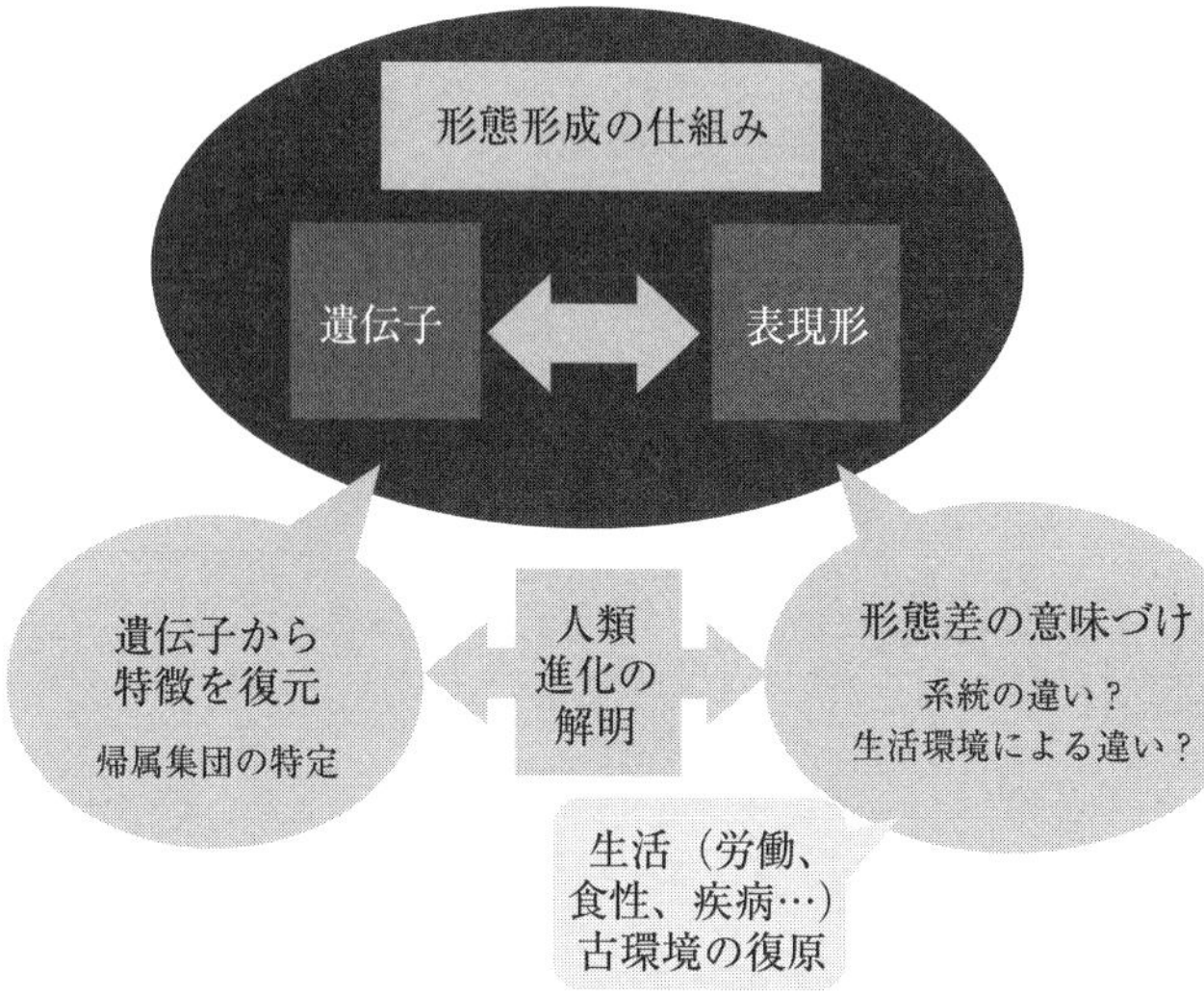

図55　形態形成の仕組み解明

謎解きのゴール到達にはまだしばらく時間が必要だろうが、近い将来、遺伝子と形態とのつながりがもっと明確になれば、ここで問題にしているような集団間の関係もより確かな根拠に基づいて議論できるはずである。例えば、表2に示した各特徴についても、どれが集団の系統関係の判断に最も有効かがわかれば（つまり、どの特徴がより強く遺伝子に規定されるか）、おそらく古人骨からのDNA抽出が難しくとも（分析に必要なDNA部分が残っている可能性は保証されないので）、縄文人と弥生人の関係についても既存のデータでより的確な判断が下せるようになるだろう（図55）。

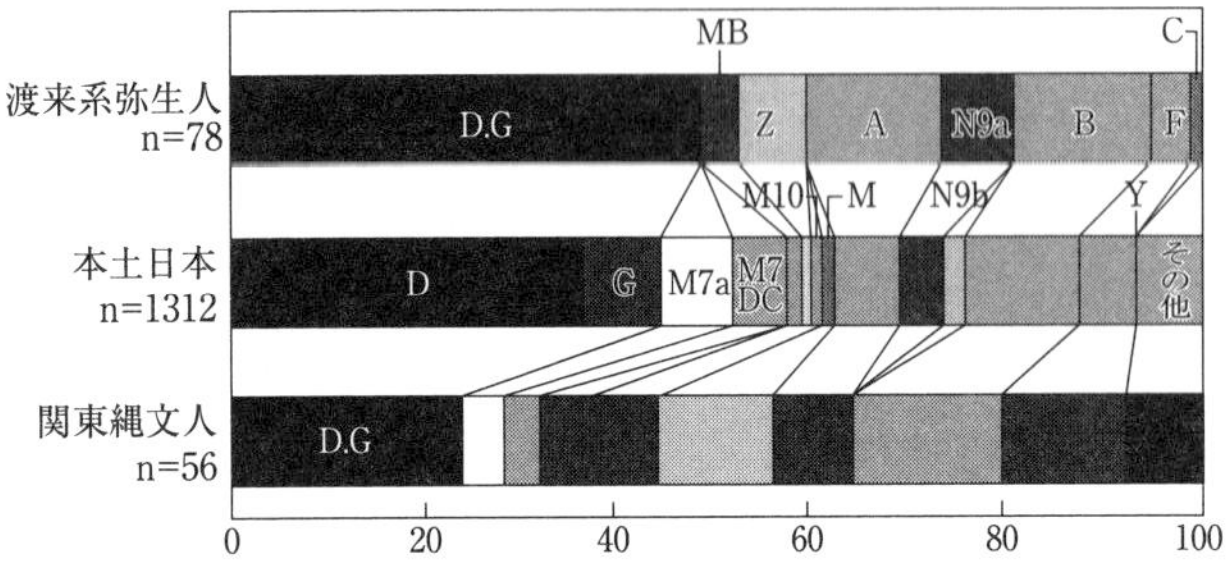

図56　日本の現代人集団と縄文・弥生人のハプログループ頻度の比較（篠田，2007）

当然ながら、現在用い得る遺伝子分析でも、この縄文から弥生の移行問題に有益な情報が寄せられつつある。図56は篠田謙一が分析した、渡来系弥生人と縄文人、現代日本人のミトコンドリアＤＮＡ分析の結果だが、ここでも縄文人と渡来系弥生人との大きな違いが明らかにされている。ただ、この分析で使われた縄文人骨は東日本のものであるため、可能性として、時代差というよりは地域差があらわれているかもしれず、今後は西日本の、できれば同じ北部九州の縄文人骨を揃え、それを弥生人や大陸の同時代人と比較すれば、より明確な答えにたどり着けるだろう。

とはいえ、必要な時期、地域の古人骨の発見は容易ではない。弥生文化発祥の地である北部九州では、こうした縄文人から弥生人への移行を具体的にたどるための縄文晩期から弥生開始期の人骨が欠落しており、厳密な意味で、わが国最初の稲作農民の姿もまだ見えていない状況にある。何とも歯がゆい話だが、どういうめぐり合わせか似たような資料空白があちこちで見られ、研究進展を阻んでいる。遺伝子にしろ、形態方面からの探求にしろ、この種の問題解決には、分析に必要な時代、地域の古人骨資料を発見することが先決問題であることに変わりはない。

現代日本人の地域差—二重構造モデル

二番目にあげた現代日本人に関する遺伝学的分析というのは、必ずしも現在盛んに行われているようなDNA分析を指すわけではない。分析技術の発展によってDNAを直接分析できるようになる以前から、いや、DNAが遺伝子本体であることがわかる以前から、研究者たちは様々な遺伝性の形質をターゲットにして各集団の関係解明を試みてきた。例えばおなじみのABO血液型がそうだし、解剖学者の足立文太郎による耳垢《みみあか》と体臭に関する研究などもその一例である。表3に、もうずいぶん前に分子人類学者の尾本恵市が作成した人の系統関係の推定に利用できる「古典的遺伝マーカー」を示した。これらの他にも、肝炎や白血病のウイルスに関する研究や、さらには身体各部の計測値や体毛、指紋、掌紋、まぶた（蒙古《もうこ》襞《ひだ》）や耳たぶの形など、多岐にわたる形態観察が描き出す地域性からも貴重なヒントが寄せられた。

特に最後にあげた形態学的な手法等については、昨今の流行からすればずいぶん古くさ

表3　ヒトの集団の系統関係の推定に利用できる「古典的遺伝マーカー」（尾本，1996）

A.	いわゆる血液型（赤血球抗原の型）
	ABO，MNSs，Rh，P，ダフィー（Fy），ケル（K），キッド（Jk），ディエゴ（Di），その他
B.	赤血球酵素型
	酸性フォスファターゼ（ACP），フォスフォグルコムターゼ（PGM1，PGM2），アデノシンデアミナーゼ（ADA），グルタミン酸ピルビン酸トランスアミナーゼ（GPT），6フォスフォグルコン酸脱水素酵素（PGD），エステラーゼD（ESD），その他
C.	血清タンパク型
	ハプトグロビン（Hp），トランスフェリン（Tf），ビタミンD結合タンパク（Gc），ガンマグロブリン（GmおよびKm），その他
D.	その他
	耳垢型，赤緑色覚型，PTC味覚型，INH代謝型，その他

いと軽視される向きもあろうが、親から子への遺伝性を持つという意味ではこうした形態情報も同様であり、そう捨てた物でもない。確かに遺伝子本体や表示したような遺伝マーカーの分析結果に比べると最初の設計図（遺伝子）から完成形に至るまでの間に様々な修飾が入ってくるので、その分精度が低くなり、解釈には注意が必要だろう。しかし、逆に比較的簡便にしかも大量のデータが採取できるという利点もあるので、使い方次第ではかなり有効な情報がくみ取れる。実際、その後の最新の技術を使った遺伝子分析がこれら古典的な手法から導き出された見解を大きく覆したり、予想もできなかった新知見を加えたりできたわけでもまだなく、大方は過去の結果、解釈

を追認している段階といえなくもないのである。

ともあれ、こうした分析が蓄積される中で浮かび上がってきたのは、日本人の遺伝特性にはある奇妙ともいえる地域傾向が見られるということである。それは、列島の両端に遠く離れて位置する北海道と琉球には互いに似たところがある一方、本州域はこれらとは異なってむしろ大陸集団に近いという地域傾向である。

なぜこのような地域性が生み出されたのか。その最もシンプルで合理的とも思える解釈として、いわゆる二重構造モデル、つまりもともと日本列島には現在のアイヌや琉球人の祖先になるような人々が住んでいたが、そこに大陸から異なった系統の人々が流入し、その影響で本州域の人々は変化したが、列島の両端にはその影響を受けなかった原住の人々が残ったのでは、というシナリオが改めて浮上してくる動きとなった。アイヌと琉球人を同系とみるようなこうした考えのひな型は、すでに明治の昔にドイツ人医学者ベルツによって提唱されていたものだが、確たる裏付けを欠いていたため、後世の研究者の批判を受け、一時はほとんど消えかけていたという。ところが、右記のようなその後の様々な角度からの分析において繰り返し似たような地域性が描き出され、さらにはごく最近、斉藤成也らによる最新の核遺伝子を対象とした分析によって、このアイヌと琉球人の近縁性が改めて確認された。古色蒼然《こしょくそうぜん》と見えた考えが今度はより客観性を持った有力なシナリオとして浮上したきたというわけである。

ただ、そうはいっても現代人を対象としたこうした遺伝学的な分析が、問題の弥生時代の渡来を実証したというわけではない。大陸と本州域のつながりといっても、現代人を見ている限りでは、それがいつ起きたことなのかは知りようがない。しかし、これらを他の手法による諸情報、特に当時を生きた人々の遺骨やその生活に関する人類・考古学情報と組み合わせて考えてみた時、渡来の時期を弥生時代と考えればそれら多岐にわたる情報を整合的にまとめ得る一つの有力な説明になるということである。

弥生人の源郷は?

大陸を探る

本章の冒頭でも述べたように、日本人の形成に大陸からの渡来人の関与を想定する考えは、この分野の研究が始まった明治時代からすでにあり、後世の研究者から「人種交替説」などと呼ばれて紹介されることが多い。これは石器時代人が住んでいた列島に大陸から勾玉《まがたま》や銅鏡をもった渡来人がやって来て入れ替わったとする考えだが、自分たちの祖先を歴史の途中に大陸から流入した人々に求めるような、今から考えれば随分思い切った説が流布した背景には、議論が欧米の招聘《しょうへい》学者によって始められたことも多分に影響しているのだろう。だが、それにしても、その後、様々な新手法を駆使してようやくたどり着いた現在の考えが、「人種交替」とまではいわないものの、結局は大筋で似たようなものになっている点には、やや皮肉な思いも禁じ得ない。なぜこんな経緯をたどったのか、一〇〇年以上にも及ぶこの間の議論の揺れ具合について詳しく触れる余裕はないが、やはりここで改めて問題になってくるのは、往事はもとより現在もなお多くの疑問を残す渡来人たちの源郷問題である。

水田稲作の開始を弥生時代の幕開けの指標とするならば、菜畑《なばたけ》遺跡や板付《いたづけ》遺跡などわが国最古の水田遺構を伴う遺跡からもたらされた情報が指し示す稲作文化の源郷は朝鮮半島とするのが大方の見方である。これら弥生開始期の遺跡から出土した土器や木製農耕具など、その生活用具に関する比較研究の結果は、繰り返し朝鮮半島南部との共通性を指摘してきた。そして、かつてはその大陸からの伝播は文化要素のみで捉える意見（つまり、土着集団が大陸の先進文化を選択的に導入した現象とする意見）が多かったが、その後、初期水田跡で検出された高度な灌漑《かんがい》技術や農耕具などがいわばセットになって出現する様相や、あるいは土器制作技術にも、粘土帯を重ねる時の接合面が、縄文土器の様な内傾接合から朝鮮半島式の外傾接合へと変化していることなど、一見しただけではわからない、つまりは単なる模倣では説明しにくいような変化が含まれていることもわかり、現在では、文化と共に人もまた渡来したと考えるのが合理的との意見が優勢になっている。先に金関丈夫の渡来説が支持を集めるに至った要因の一つとして（四番目にあげた論点）、この考古遺物を基にした解釈変化をあげた所以《ゆえん》である。

実際に古人骨からそうした朝鮮半島と日本列島との人的つながりを示す研究例もある。かつて金関は、当時その存在が明らかになっていた北朝鮮の咸鏡北道《ハムギヨンブクドウ》雄基《ウンギ》、鳳儀《ブンウイ》出土の新石器時代人骨を取り上げ、土井ヶ浜《どいがはま》弥生人らとの類似性について論じて自身の「渡来説」の拠り所の一つとしていた。ただ、それらは金関自身も述べているように弥生人の渡来問題と結び付けて議論するにはやや時代的に古く、しかも一〇例に満たない比較資料であり、地理的にもより重要と見なされる半島南部は空白のまま、というもどかしい状況であった。しかし、一九七〇年代に入って、ようやく半島南端の礼安里《イエアンニ》というほぼ古墳時代相当期の遺跡から多数の人骨が出土し、それを分析した鹿児島大学歯学部の小片丘彦らは、日本の北部九州や山口地方から出土した弥生人骨と非常に強く類似することを報告した。礼安里人は渡来問題を論じるには時期的にやや後世にずれるものだが、地理的に最も日本列島に近い大陸の一部に確かに日本の弥生人に酷似する人々が実在したことを明らかにした最初の研究例であり、その意義は大きいだろう。

しかしその後朝鮮半島では、日本と同じ酸性土壌の影響もあって、渡来問題により直結した紀元前一〇〇〇年期ごろの人骨資料はごく限られたままで、日本より少し先行して始まったとされる半島の水田稲作民の実像も残念ながらまだぼやけたままである。水稲耕作文化と共に人も渡来したという、現在有力になっている解釈を決定づけるには、当時の両地域の稲作民同士を照合できれば話が早いのだが、実状はそう簡単ではない。奇妙なことに、というか、不思議なめぐり合わせで、前述のように実は北部九州でも稲作開始期の人骨が欠落しており、なかなか話が進まない状況になっている。これまで紹介してきた北部九州の弥生人骨はほとんどが弥生時代中ごろのものであり、縄文時代末から弥生初期にかけての、肝心の移行期の人骨資料がぽっかり抜け落ちているのである。農耕の開始という、どの国にとっても重要な歴史的変換期に生きた人々の姿が見えてこないというのは、何とももどかしい限りというほかない。

その一方でまた、この渡来問題に関していつも付きまとうのは、北部九州とのつながりが指摘されている朝鮮半島南部の文化要素そのものが、背後の中国からの影響を受けたものだとする指摘である。今のところ、こうした考古学情報が渡来を裏付ける一つの拠り所となっている以上、その文化要素の源流がもっと背後の大陸にあるのなら、今問題にしている渡来人の源郷探索についても、直近の朝鮮半島のみならず、もう少し時代と地域を広げて、日本への渡来につながった大陸の人と文化の動きを明らかにしていく必要があろう。各地の遺跡から出土した稲の遺伝子を分析した佐藤洋一郎のように、弥生時代の日本の稲には、中国から朝鮮半島を介さないルート、おそらくは江南《こうなん》から直接伝播したものを含むとする指摘もあるのでなおさらである。

稲作文化の源流 ——中国江南地方

その意味で注目したいのは、江南と呼ばれる中国の長江下流域を源流とする人と文化の動きである。江南地方はいうまでも無く世界でももっとも古くから稲作農耕が始まった地域として知られ、弥生時代に日本列島へと伝播する稲も、その大元をたどっていけば結局この地にたどり着くことになる。ただ、だからといって、稲だけではなく弥生人もまたこの地を源郷とするなどと、いきなり結論づけるわけにはいかない。様々な文化要素が人の移動を伴わない形で伝わっていくことは、誰しも日々の暮らしの中で実感できることだろう。もちろん、稲粒や土器がかってに空を飛んでいくわけもなく、その伝播に何らかのかたちで人の活動が絡んでいることは確かだが、ここでいう人の移動を伴わない形というのは、遺伝的な意味で影響を与えるような、例えば在地集団との混血によってその遺伝特性を変えるようなこともなくという意味である。一般的にはこうした伝播形態がむしろ多いのかもしれないが、しかし、稲作農耕という、まさに生活の柱、土台になるような新たな生業形態の伝播の場合はどうだろうか。

まるで地域が違うが、ユーラシアのずっと西方で似たような事象が盛んに議論されてきた。西アジアに起源する新石器文化のヨーロッパへの伝播問題である。以前から考古学者の多くは、長くヨーロッパで狩猟採集生活を続けていた人々が、農耕牧畜という新しい生業形態を取り入れて徐々に変わっていったと考え、西アジアからの人の拡散を想定する意見はむしろ少数派であった。ところが、一九七一年、イタリアの遺伝学者、ルーカ・カヴァーリ＝スフォルツアの登場によってこの状況が大きく変化し始める。彼は全ヨーロッパから集めた膨大な血液サンプルを基に、トルコのアナトリアから北西ヨーロッパのイギリスやスカンジナビアへと向かう明快な遺伝的勾配《こうばい》を描き出して、新石器文化のヨーロッパへの伝播は西アジア起源の農耕民の拡散によって実現されたものであり、現在ヨーロッパ人の多くはこのころに東からやってきた人々の子孫であるという考えを発表した。発表当初はかなりゆっくりした、およそ一年に一キロ程度の農耕民の拡散、浸透を想定したルーカらの考えは、その後、この新説をめぐる議論の中で、「人間津波」とでもいうような圧倒的な農耕民の拡散によって在地の狩猟民を駆逐し、置換したようなイメージで描かれるようになっていく。かなりの研究者もこうした考えを受け入れ、特にケンブリッジの著名な考古学者コリン・レンフルーは、考古学情報に言語学的な知見を絡ませてルーカからの考えを概ね支持した。彼は、現在ヨーロッパの主要な言語になっているインド・ヨーロッパ語族の祖地はトルコのアナトリア地方だと考え、そこから農耕民の拡散と共にこの言語がヨーロッパへと広がったのだというのである。これを受けてルーカ自身もまた、言語と遺伝子を組み合わせた分析結果を発表して、ヨーロッパのみならず世界各地の人類史復元とでもいうべき壮大な研究成果を世に問うたりしている。

果たして農耕民による「人間津波」のような現象が本当に起きたのだろうか。その後一九九〇年代半ばになると、この議論にミトコンドリアDNAやY染色体遺伝子（男性だけが持つ遺伝子）の分析結果も加わって、かなり様変わりしていく。例えば、ミトコンドリアDNA分析のパイオニアの一人であるイギリスのブライアン・サイクスは、現代ヨーロッパ人のみならず一万年以上前の旧石器人骨まで含む自身の膨大な分析データから、当初ルーカらが描いたような中近東起源の農耕民がヨーロッパの狩猟民とほとんど入れ替わったような状況は確認できず、現代ヨーロッパ人の多くは旧石器時代以来の狩猟採集民の子孫であり、中近東起源の人々の遺伝的寄与は二〇％程度との結果を公表して、ルーカらとの間に激しい論争を巻き起こした。やがてY染色体遺伝子を用いた分析でも類似の結果が寄せられたため、かつての「置換説」は陰を薄めているのが現状だが、しかし、混血の程度の見積もりに差はあっても、中近東に発した農耕牧畜という画期的な生活文化が単なる文化要素の伝播現象ではなく、それを生み出し、担っていた人々の西・北方への拡散によってヨーロッパへと伝わったとする考えに違いはない。

それでは日本への稲作文化の伝播はどうだったのだろうか。前述のように北部九州への伝播には人の移動が伴ったと見なされるが、問題はこの最終ゴールに至るまでの道程《どうてい》である。稲作、とりわけ水稲耕作は人々に様々な技術的工夫や労働負担を強いるが、収量や栄養面、あるいは美味である点でもその見返りは大きい。気候変動も手伝ってのことだが、紀元前四〇〇〇〜五〇〇〇年ころになると、古くからアワ・キビ農耕がはじまっていた黄河中・下流域に次第に稲作農耕が浸透していったことが明らかにされており、こうした拡散状況も稲の持つ力をよくあらわしているように思う。ヨーロッパへの農耕伝播と同様に、水田稲作の伝播にも人の移動、拡散が絡んでいても何ら不自然ではないだろう。

水田稲作の伝播ルート　ただ、具体的にどこまでそれが検証できるのか、これまで江南に起源を持つ水田稲作の日本への伝播ルートについては、以下のような諸説が提案されてきた。

①北回りルート＝華北から渤海《ぼっかい》北岸地域を回って朝鮮半島を南下
②半島経由ルート＝山東半島から朝鮮半島（遼東《りょうとう》半島もしくは朝鮮半島西岸）を経由
③直接ルート＝江南から東シナ海経由で北部九州へ
④南方ルート＝華南から南西諸島経由で九州へ

このうち、④の南方ルートはかつて柳田国男《やなぎたくにお》が提唱したいわゆる「海上の道」である。近年、遺伝学者の佐藤洋一郎もまた、弥生時代の遺跡から出土する炭化米に熱帯ジャポニカが含まれることから、そのおそらくは縄文時代にさかのぼる伝播ルートとして、改めてこの海上の道を浮かび上がらせた。しかし、南島には弥生時代相当期の農耕を示す遺物や遺構が見当たらず、稲そのものも未発見なので、考古学者の賛同はほとんど得られていない。未発見の地域、時代の歴史を新たな発見によって覆し、塗り替えてきたのが考古学の歴史といえなくもないと思うが、この場合はどうだろうか。話がずれるが、前述のようにごく最近、沖縄で長く未発見だった旧石器が発見され始めており、この地域の研究戦線にまた激震が襲い掛かろうとしている。水田跡等の発見の報は無論まだないが、ただ鹿児島県種子島には、古代米とされる「赤米《あかごめ》」にまつわる神事が今に伝えられており、この「赤米」が熱帯ジャポニカであることを考えると、北部九州に温帯ジャポニカが伝播する以前、南島ルートで陸稲栽培が列島へと流れ込んできたと考えることはそれほど浮き世離れした話でもなかろう。しかし、いずれにしろ、この南島ルートで列島への稲の伝播を代表できるわけでは無く、ここでは日本の稲の柱となる温帯ジャポニカの伝播の方を考えねばならない。

その意味では③の直接ルートが正しければ話が早いのだが、残念ながら今のところこちらも考古学的な裏付けが弱いとの批判が多く、あまり賛同者は得られていない。例えば、西《せい》広くアジア全域をフィールドとして調査活動を展開した考古学者樋口隆康は、かつて、西周《しゅう》時代から戦国時代にかかる湖熟《こじゅく》文化期に、秦漢帝国の南方への伸展に伴って土地の住民がしだいに圧迫され、海上に押し出されたとする自説を発表していた。歴史学者の岡正雄もまた「紀元前四〜五世紀頃に起こった呉・越の動乱にともない、江南の非漢民族の社会に大きな動乱が起こり、その影響を受けて江南の稲作文化が日本へ渡来した」と述べて注目を集めたことがある。

現在もなお、江南と日本列島との縄文時代までさかのぼる文化的なつながりを指摘する声は少なくなく、石包丁など一部の農耕具にも共通する部分があるようだが、しかし朝鮮半島と北部九州の間に比べると、この地の稲作民が直接九州や朝鮮半島に渡ったことを示唆するような、いわゆる文化コンプレックスの伝播状況は確認されていないということのようだ。ただ、考古学者の寺沢薫のように、弥生時代の水稲農耕文化を落葉樹林型と照葉樹林型の二段重ねで捉え、最初に前者が朝鮮半島南部から、その後、環濠集落を伴う水稲文化が長江流域から伝播して、いわば弥生文化の肉になったのではないかとする意見もある。この考えは、前述の佐藤洋一郎が指摘するような、朝鮮半島経由だけではない稲の伝播ルートを想定する意見とも符合するようで、興味深い。後世の遣唐使や鑑真《がんじん》の挿話が示すように東シナ海の渡航は決して容易ではないだろうが、海流や風の後押しがあることや、弥生文化の開花に関与した渡来人を少数に限定してすむ話なら、このルートによる人の交流を無視するのは早計であろう。

さて現在、考古学者の間で賛同者が多いのは、②の半島経由ルートであろう。長江下流域で定着した水田稲作は、やがて黄海沿岸を北上し、遅くとも紀元前二〇〇〇～三〇〇〇年前の龍山《りゅうざん》文化期には山東半島南岸部まで広がったようで、山東省膠州市《こうしゅうし》趙家荘《ちょうかそう》遺跡からは水田跡も発見されている。出土遺物を水洗して選り分けるフローテーションと呼ばれる手法で調べたところ、山東南岸のこの頃の両城鎮《りょうじょうちん》遺跡などではアワ・キビよりも稲粒の方が多くなっていることが確認され、稲が食生活の主体になっていた状況も浮かび上がっている。

中国考古学者の宮本一夫によれば、稲作はやがてこの山東半島から朝鮮半島へと広がったが、その伝播には人の移動も伴った可能性が高いという。稲作技術に加えて山東起源の黒陶《こくとう》や甕《かめ》型の土器、あるい磨製の石包丁や石斧、石鑿《いしのみ》などの石器群が、いわば文化コンプレックスとして朝鮮半島へ伝わっている様相が見られるので、同じような考古遺物のつながりを根拠に朝鮮半島から北部九州への人の渡来を想定するなら、それ以上に明確なつながりが確認できる山東半島と朝鮮半島の間にも人々の移住を想定しないわけにはいかないというのである。

では、その前の江南から山東への稲作文化の伝播はどうだったのだろうか。今のところ、両地域の間には、これまで紹介してきた考古遺物から人の移動を想起させるような知見はまだ明確には得られていない。そもそも、江南や山東地方にはかつてどのような人々が居住していたのだろうか。もとより考古学情報は貴重で有用だが、前述の南方ルートや直接ルートにしろ、ここで問題にしている人の移動とその遺伝的寄与を明確にするには、文化面だけでは無く人そのものを追跡しない限り、この手の議論はいつまでも曖昧さを残したままだろう。

江南と山東の古人骨研究

稲作の故郷、江南地域の先史住民については、残念ながら今も情報が不十分で見えないところが多い。約六〇〇〇年前にさかのぼる浙江省《せっこうしょう》の河姆渡《かぼと》遺跡は木製や骨製の農耕具、高床式の住居跡等を伴った最古期の水田稲作の存在を示唆する遺跡として著名だが、そこから出土した人骨は、同じ時期の華北・黄河流域で大量に出土している新石器時代人とはかなり異なった特徴の持ち主であった（図57）。一九九〇年代に山口敏を団長として開始された江南人骨調査団が調べた長江南岸の圩墩《うとん》遺跡（約五〇〇〇年前）の人骨も、これにやや類似する特徴の持ち主で、例えば華北集団に比べると顔面の扁平《へんぺい》性はそれほどでもなく、やや低・狭顔で、突顎《とつがく》傾向などを持つことがわかった。これらは以前から華南各地で少数ながら出土していた人骨で指摘されていた特徴でもあり、どうやら新石器時代の華中域でも似たような傾向の人々が広く住んでいたようだ。

ところが、われわれが同時に調べた江蘇《こうそ》省《しょう》各地の春秋戦国〜漢代の人骨は、圩墩等とは大きく異なっていた。上海の自然史博物館で初めてその頭骨を見せられた時、筆者は思わず声まで出してしまったらしい。自分では自覚していなかったのだが、後で団長の山口敏がまとめた文章でその時の様子を知らされ、少々気恥ずかしい思いをした。何に驚いたかといえば、要するに目の前の頭骨（揚州《ようしゅう》胡城遺跡）が、これまで北部九州でいやというほど見てきた弥生人骨にそっくりだったからである。そんな出会いを夢見てはるばる出かけていったものの、その後一〇年ほど続く江南人骨調査のそれが最初の年だっただけに、まさかいきなり期待していた人骨に出会えるとは思ってもいなかった。

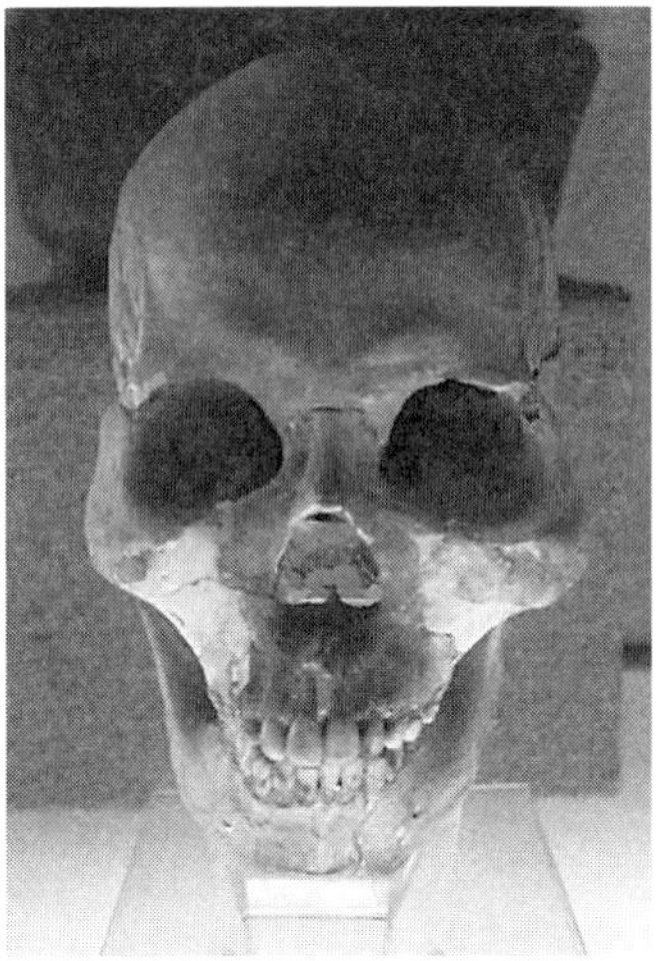

図57　河姆渡遺跡の新石器時代人

大げさなと思われるかもしれないが、試しに図58を見てもらえば、ある程度その時の私の驚きようも理解してもらえるだろう。右側が江蘇省の、左側が福岡市金隈《かねのくま》遺跡の、ほぼ同時代の頭骨である。金隈は総数で一三六体を数える福岡市の代表的な弥生人集団だが、保存状態との関係で特徴のよくわかる個体はその半数にも満たず、いず

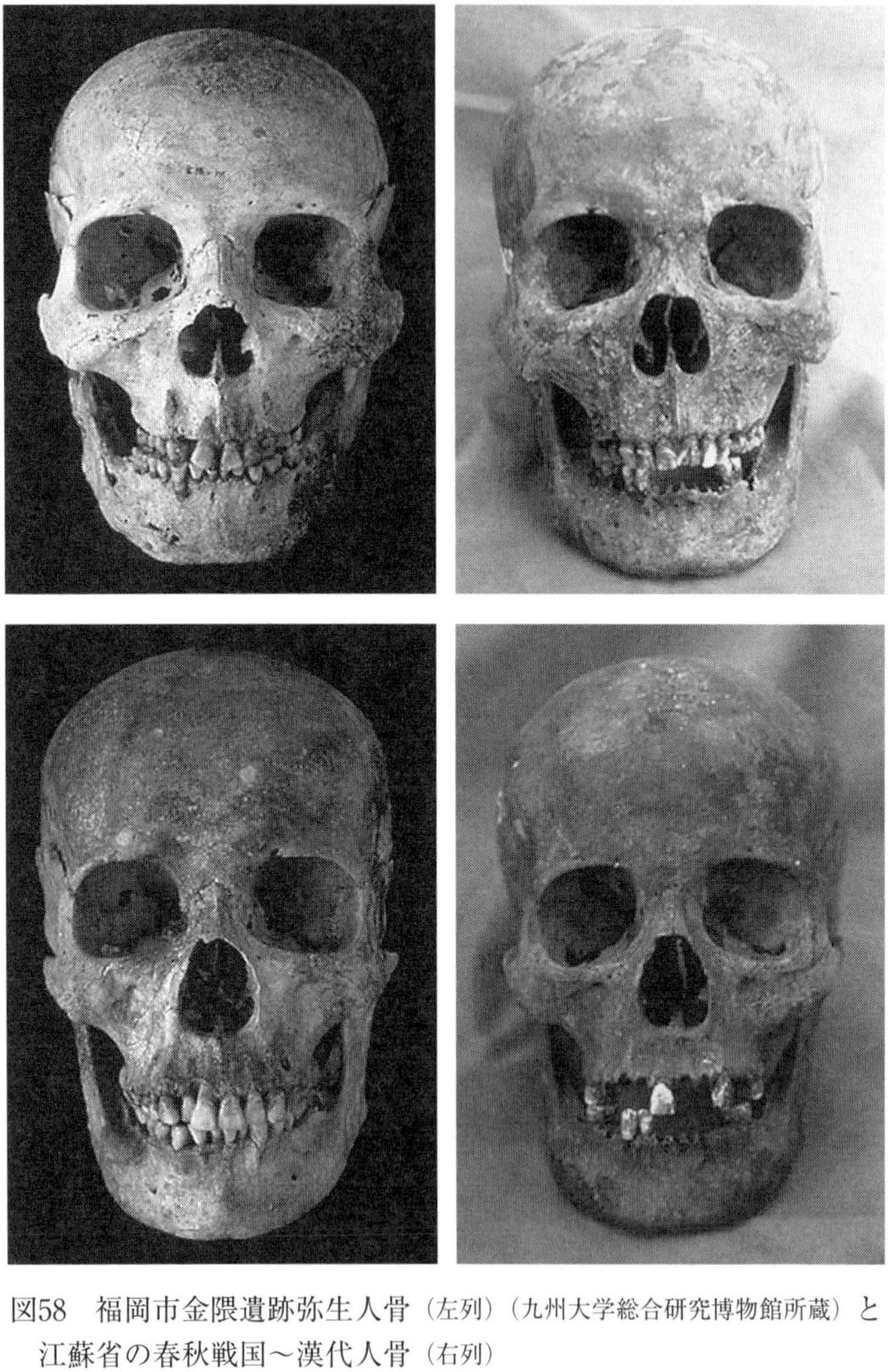

図58　福岡市金隈遺跡弥生人骨（左列）（九州大学総合研究博物館所蔵）と江蘇省の春秋戦国〜漢代人骨（右列）

れにしろ、江蘇省の人骨に比べると、ひどく限られた地域、時代の資料である。私自身まさかと思いながら、その手持ちの金隈の写真を見比べていって次々と酷似する顔に出くわす羽目になり、また改めて驚かされてしまった次第である。見慣れない人にとっては、あるいはこんな写真を突きつけられても判断に困るだけかもしれないが、ここに上げた例は、おそらく専門家でもラベルを外せば区別がつかないだろう。

ともあれ、この調査によって、遅くとも紀元前一〇〇〇年期の弥生時代とほぼ同時期にあたる春秋戦国期になると、江南でも日本の弥生人にも近い、扁平で面長な顔面を特徴とする人々が居住していた事実が浮かんできた。この結果からすると、例えば右記の直接ルートでの伝播を考えてよいのなら話が一気に進みそうだが、果たしてどうだろうか。人が移住すればそれなりに土器や石器など様々な生活用具にも影響があらわれるはずだが、前述のように半島経由ルートに比べるとそうした動きを裏付けるような発掘情報はまだ十分とはいえず、悩ましい状況になっている。ただ、こういう問題でいつも気になるのは、そもそも一口に移住といってもその内容次第で流入地への影響のあらわれ方も様々に変化するはずで、どのような文化要素のどの程度の変化が人の移住を裏付けることになるのか、明快な線引きは容易ではない。この江南ルートの場合も、後で少し触れる少数渡来や、あるいは寺沢薫が示唆するような、すでに稲作民が先住している所への流入を想定すれば大きな齟齬《そご》はないのかもしれないが、現状では曖昧模糊とした疑問を拭《ぬぐ》えそうもなく、結論に至るにはまだまだ詰めの作業が必要だろう。いずれ各地で人骨情報と考古遺物を組み合わせた形での検証例が増えていけば、この問題にも有益な傍証が得られるに違いない。

さて、稲作の伝播経路として最も多くの支持を集めている②の半島経由ルートについてだが、仮に前記のような江南からの直接伝播があったとしても、それが直ちにこのルートを否定する訳ではないし、弥生人の源郷問題をテーマとする以上、その検証は不可避の課題であろう。しかしこのルートでの追跡に大きな障害になっているのは、該当時期の骨資料がほとんど欠落している点である。江南地方では、前述の圩墩と図58で紹介した人骨群との間には、優に二〇〇〇年以上の空白がある。つまり、水田稲作が北方へと動き始めるころの江南地方にどういう人々が居住していたのかがわかっておらず、同時にまた、その稲作が伝播していった先の山東半島南岸でも、水田跡が発見され始める龍山文化期ころの骨資料はまだ未発見である。こうした各地の古住民に関する空白を埋めて人の動きを追跡しようとしても、外国の調査隊が中国内で自由に発掘できるわけもない。いつになれば手がかりが得られるのか、半ば諦めかけていたころ、以前から共同研究を行っていた山東大学の桒宝実から、この問題にも少し関係した資料の研究を一緒にやらないかという有り難いお誘いを受けた。

山東半島・北阡遺跡の新石器時代人

北阡遺跡

それは、先にも少し触れたが、山東半島南岸の青島《チンタオ》に近い北阡《ほくせん》遺跡という、今から六〇〇〇年ほど前にさかのぼる大汶口《だいぶんこう》文化期の遺跡から出土した人骨群である。少し古すぎて目的にぴったり適う時期のものではないが、しかし、あれこれ選べるような状況ではない。空白だった山東半島南岸部の資料ではあるし、しかもこの北阡遺跡は、二〇〇七年から始められた発掘調査によって整然とした二次葬墓が発見され（図59）、中国内でも大きな注目を集めている遺跡である。ただ、調査時はもとより、その後も出土した人骨を整理、分析する専門家が国内では見つからず、大量の出土人骨が土まみれのまま現地の博物館の倉庫で眠っていた。そこで、以前にも共同研究を行ったことがあり、山東の古人骨研究をテーマの一つにあげていたわれわれが手がけることになったわ

図59　北阡遺跡二次葬墓（欒宝実提供）

けだが、二〇〇八年の十二月、学生たちと共に初めて現地の即墨市《そくぼくし》博物館を訪れた時、土嚢袋《どのう》に詰められた大量の人骨を目の当たりにして、いきなり目算が大きく狂ってしまったことを痛感させられた。これまでの海外調査では、現地に行ってみて期待したほど資料数が無くてがっかりすることが多かったのだが、この場合は逆に、あまりにも多すぎて果たしてどこまでできるのか、見当がつかなくなってしまったのだ。

海外調査にはもちろん多額の費用がかかる。われわれは日本学術振興会の援助（いわゆる科研費）を受けてなんとか山東でのこの現地調査を実現させたのだが、当初聞いていた人骨数は六〇〜七〇体程度ということだったので、まずはこの科研費の援助を受ける四年間の間に、まずはこの山東で一年目の調査を行い、次年度は江南《こうなん》の……

と、あれこれ構想を立てていたのである。しかし、ざっと見ただけで土嚢袋が優に一〇〇を超えており、中には複数個体が詰め込まれた袋もあると聞かされると、どう考えても一ヵ月足らずの調査期間ではとうてい終わりそうにない。研究チームの主力は現役の大学教員なので、そんなに長期間大学を休むわけにはいかず、その時もあれこれ都合をつけて何とか三週間余りの出張期間を確保してやって来たのである。

もちろん、同じ海外調査でも、どこかの大学や博物館にきれいに整理されて並んでいる資料を調べるのは色んな意味で楽だし効率も良い。しかし、研究上、必要と思われる資料がすでに発見されてどこかの施設の棚に並んでいるというような幸運は、そうあるものではない。それに、発見され整理までされているということは、要するにすでに大方の研究が終わっているということであり、そうでなければ通常は外国の研究者に提供されるはずもない。つまりは、その資料を研究しても、大抵は二番煎じ、三番煎じにしかならないということであり、それが嫌なら何らかの新手法（例えばＤＮＡや安定同位体分析等）を適用するしかないだろうが、そうした資料の破壊を伴うような分析はそもそも中国では許可がおりない。だから、今回のように土まみれの、まだ専門家の目に触れていない出土資料というのは、その中に新しい、誰も知らない事実が詰まっているということであり、いくら手間暇が掛かってもその研究意義は大きいのである。

しかもこの北阡遺跡では、新石器時代の山東半島南岸に住んでいた人々の情報が得られるということで、筆者の大陸における調査目的にも適う遺跡であった。中国江南を源郷とする稲作文化の伝播には人の動きが伴っていたのではないか、江南からやがては山東半島へ、そして山東から朝鮮半島あるいは九州へという稲作文化の動きに人もまた連動したのではないかという仮説のもと、それを裏付けるべく各地の人骨形質の変化を明らかにしようというのが筆者らの調査目的である。これまでの調査によって、前述のように稲作文化の源郷である中国江南地方では遅くとも春秋戦国時代になると北部九州の弥生人によく似た人々が住んでいたことがわかっている。まだわかっていないのはその前の状況、つまり、稲作文化が北方へと拡散し始めるころの江南の住人、そして、それを受け入れた龍山文化期ころの山東の、特に半島南岸の住人の姿である。果たして、この山東に稲作文化が伝わったころに、人々の形質にも遠く日本の弥生人へとつながるような変化が起きているのかどうか。

もとより、この課題の解決には、例えば山東半島南岸で最初の水田稲作が確認されている趙家荘《ちょうかそう》遺跡や両城鎮《りょうじょうちん》遺跡の人骨を調べられれば申し分ないのだが、残念ながら両遺跡とも人骨資料を欠いており、そう都合よくことは運ばない。今回、われわれの手に委ねられたのは、その前（大汶口文化期）の、まだ水稲耕作とは無縁だった時代の住人である。

しかし、この問題の検証手続きとして、北阡集団を調べることは決して無駄ではないだろう。いやむしろ、より確かな答えにたどり着くには、必要かつ有効な手続きにもなるはずだ。例えば将来、龍山文化期の水田稲作民の人骨が出土して、もし北阡のような稲作以前の人々から変化していることが明らかになれば、この生業の変化に人の移動が絡んでいる可能性が一気に高まるはずである。つまり、この地への水稲文化の波及と歩調を合わせて人の形質にも弥生人的特徴の持ち主へと変化している様相が浮かんでくれば、江南から山東、そして朝鮮半島や日本へとつながる、稲作文化と人の伝播経路が具体的に浮かび上がってくるだろう。そうした検証のためにも、遠回りであってもまずは稲作以前の時期の住民の姿をはっきりさせておく必要があり、北阡集団はまさにうってつけの資料になるはずである。幸い日本学術振興会から補助金も出たので、二〇〇八年から四年間、国内の共同研究者や院生たちを伴って、人骨が収蔵されている青島郊外の即墨市博物館に通うことになった。

北阡遺跡の二次葬墓

最初に、北阡遺跡を特徴付ける二次葬墓について少し紹介しておこう。図59はその一例で、各個体がかなりはっきりと区別できる形で再埋葬されている。もう少し雑然と二五体分もの骨を積み重ねた墓も検出され、結局、全部で二四基見つかった墓には、最小で一体から最大二五体まで、特にどの個体数に偏るというわけでもなく、再埋葬されていたことがわかった。一体しか入っていない二次葬墓というのは少しイメージしにくいかもしれないが、要するに、全身の骨が本来の解剖学的な位置関係とは無縁の状態で出土したということであり、明らかに一度埋葬した遺骨を掘り出して、再埋葬したことを示している。実際に北阡ではほぼ空になった初葬用の墓も多数発見され、そこにはほとんど骨が残っていないところからも、かなり丹念に拾骨、移葬された状況が明らかになっている。上黒岩《かみくろいわ》や帝釈《たいしやく》峡《きょう》の縄文人のところでも触れたように、再埋葬自体は特に珍しい風習というわけでもない。中国でも、例えば内陸の陝西省《せんせいしょう》や河《か》南省《なんしょう》などで大汶口文化期より少し古い仰韶《ぎょうしょう》文化期にさかのぼる時代の二次葬墓が多数検出されている。北阡の発見によって、その風習が山東地域でも実施されていたことが明らかになった訳である。ただ、ここでやはり気になるのは、なぜこのような面倒な葬送行為を行ったのかということだが、一般的な解釈としては、家族や血縁、社会的な紐帯《ちゅうたい》に基づく死者への鎮魂、慰撫《いぶ》等に関係した儀礼といった漠然とした説明が多い。しかし、例えば右記の一体の再葬例など、この人にも少なくとも親はいたはずだろうに、なぜわざわざ別の墓に移さなければいけなかったのだろうか。あるいは、この人はどこか遠くの村からこの北阡に紛れ込んできた、いわばはぐれ者のような人だったのだろうか。

少し話が飛ぶが、近年、こういう問題に威力を発揮しそうな手法が世界各地で試まれつつある。まず思いつくのは骨から遺伝子を抽出して各再葬墓に含まれる構成員の遺伝的なつながりを探れば、どういう規範で再葬行為がなされたのか、有力な手がかりになるだろう。他にも近年注目されている方法として、歯のエナメル質に含まれるストロンチウムの同位体比の分析が各地で試みられている。ストロンチウムというと原発事故で盛んに喧伝された有害物質がまず思い浮かぶだろうが、それは主に放射性の^{90}Srで、同じストロンチウムでも86や87といった番号の（つまり、少し軽い）安定同位体の含有率を用いると、その人がどこで生まれ育ったかがわかるという方法である。つまり、各地域の土壌、地層構造の違いによってSrの同位体組成が変化するので、その地の水や植物を成長期（つまり歯ができる年齢）に摂取すると、歯のエナメル質に地域特有の同位体比をもつSrが蓄積していくことになる。いったん作られた歯のエナメル質は生涯変化しないので、歯の一部を削ってSrを調べれば、右記のような「はぐれ者」をあぶり出すことも可能であろう。実際に京都大学の院生がこの手法を使って、例えば愛知県の吉胡《よしご》貝塚縄文人では集団構成員の三六%が「移入者」で、女性よりも男性の移入者が多かったという興味深い結果を報告している。残念ながら中国ではこうした最新の分析を外国人研究者が手がけることは難しいが、北阡人骨については中国の研究者によって研究が進められており、うまくいけば従来のような単なる推測ではない、客観的な根拠に基づいて先史集団の胸の内まで踏み込んだ解釈が紡ぎ出されるかもしれない。

火葬骨の存在

もう一つ、この遺跡の人骨整理の過程で中国側の研究者の注目を集めたのが、火葬人骨の存在であった。ある一つの墓穴から出た骨の中に、火を受けてねじれやひび割れの入った骨片が多数見つかったのである。その変形、収縮の強さから見て、遺体をそのまま焼いたか、少なくとも骨がまだ有機質や水分を含んでいた時期に火を受けたことは明らかである。すでに白骨化した骨を焼いた場合は、ここまで強く変形しない。

この事実を隣で骨の整理作業を手伝っていた、われわれの世話役でもある山東大学の院生に伝えたところ、その時はさほど目立った反応は無かったのだが、数日後、今度はひどく真剣な顔つきで改めて焼骨のことを根掘り葉掘り聞いてきた。どこか嫌々手伝っている風だったこの院生もやっと骨に興味を持ってくれたのかと思ったのだが、どうやらそうではなく、済南《さいなん》市《し》の大学の方にいる欒宝実から、もっと詳しい所見を聞いて改めて報告するようにいわれたらしい。いつの間にかマスコミにも知らされたようで、ネット上でこのことが大きく報じられているのを知ったのは帰国後のことだが、それもそのはず、これが火葬の痕跡だとすると、先史時代の中国ではごく稀な発見で、もちろんこの地域では初めての出土例だったのである。

火葬といえば、今の日本人にとってはごく一般的な遺体処理法なので特に珍しくも感じないだろうが、諸外国では必ずしもそうではないし、日本でも昔からこの埋葬法が流行っていたわけではない。わが国における火葬の普及には仏教という宗教の影響が強く働いたとする考えが一般的で、『続日本紀』にある僧道昭《どうしょう》の火葬（七〇〇年〈文武四〉）が記録に残る最初の火葬例とされている。ただし普及といっても、当初は僧侶や一部の上流階級などに限定されたもので、その後も庶民にとってはあまり縁のない埋葬法の一つとして推移したようだ。現在のように一般人にまで広く火葬が浸透したのは、明治以降になって衛生面や墓地の不足対策として政府が火葬を奨励したことが大きく働いた結果である。

歴史時代のわが国で火葬がなぜ容易に普及しなかったのかといえば、身分や宗教などとの関係もさることながら、そもそもこの葬法には大きな負担がかかることもあげるべきだろう。単に土中に埋めればすむ土葬などとは違って、火葬にはまず大量の燃料を用意しなければならないし、しかも異臭にまみれて遺体を焼きながら肉体が跡形もなく灰になっていくのを目の当たりにすることになる。いわば経済的、精神的に大きな負担を強いられるわけで、そうした埋葬行為を選択するにはそれなりの理由が無ければなるまい。宗教は一つの理由付けとして実際に機能してきたわけだが、これはしかし仏教だけのことである。仏教では釈迦《しゃか》が火葬されたこともあって「荼毘《だび》に付す」行為が奨励されてきたようだが、キリスト教やイスラム教などではむしろ火葬を禁忌《きんき》する傾向を持つ。今回の調査の舞台である中国でも、長く儒教の影響で火葬は遺体を損壊する背徳的な行為として嫌われ、歴代王朝でも堅く禁じられてきた。

もちろん、北阡での出土例は、そんな宗教とは無縁の遙か大昔にさかのぼる時代のものであり、それならばなおさら、どうしてこんな面倒な葬法をあえて選択したのかが気になってくる。日本でも仏教伝来以前の縄文時代にさかのぼる例として、京都府長岡京市伊賀《いが》寺《でら》遺跡で複数遺体を焼いたと思われる火葬墓が検出されたが、他にはほとんど類例が見られぬままである。日本にしろ中国にしろ、当時のことだから人口過剰で墓地不足に陥っていたはとても思えないし、あえて手間暇をかけて遺体を焼く葬法を選んだ動機として何があったのか。周囲の人々に強い危機感を与えるような、あるいは忌《い》み嫌《きら》うような病気の故か、それとも遺体焼却にまで至る深い憎悪の所産か、現代人にとっては二次葬自体が奇異に映る上に、当時のこの村では通常の埋葬法であった二次葬の中にどうして火葬骨が紛れ込んでいるのか、あれこれ勝手な想像が飛び跳ねるばかりで、一向にまとまりそうもない。

余談だが、初めて火葬骨の存在を伝えた時にその院生が見せた無関心な反応を、私にはあまり責める資格がない。実はそれまで日本でも数多くの火葬骨を手がけていたが、率直にいって焼かれた骨には大して関心が持てないというか、むしろあまり関わりたくないという気持ちの方が強かった。右記のように焼骨は一般的に収縮、変形が強く、元の形が崩れてしまって細片化していることも多いので、そこから得られる情報がごく限られて、その人物の形態的特徴などはほとんどつかめない。おまけに、崩れたり細片化した保存状態の悪い骨ほど、整理、分析に要する手間暇だけは余分にかかってしまう。例えば壊れている骨はできるだけ接合して原型への復元を試みることになるが、そのためにはまず各破片の部位を同定しなければならず、火葬骨のように小さな、しかもひび割れ歪《ゆが》んでいる骨片だとそれがひどくやっかいな作業になって、しばし脂汗をかきながら指先で骨片をいじくり回したあげく、同定不能として脇に追いやらざるを得ないことが多いのである。何回か地方の発掘担当者から一度に収納ボックス何杯分もの火葬骨の鑑定を依頼されたりした時は、まさに気が遠くなるような思いがしたものだ。

火葬骨の研究

こんな火葬骨でも、しかし場合によっては貴重な情報源になり得ることもある。実際に、欧米ではかなりの研究例があり、例えばキリスト教が伝わる前のポーランドでは火葬が盛んだったようで、豊富な焼骨を元にして先史ポーランド人の骨形態が時代と共に変化する様相が描き出されたりしている。また、骨形態がわからなくても火葬行為の実態、例えばまだ軟部組織が付いている遺体を焼いたのかそれとも白骨化した骨を焼いたのか、また、焼成温度や遺体の姿勢、燃料の置き方（遺体の上か下かなど)、火葬後の取り扱い(例えば特定部位を取り上げて別場所に埋葬することなど)などを、骨の色相やひび割れ、縮小の状況、回収された骨の量や部位などの知見を総合して復元する試みがなされている。

日本でもそうした研究例として、一九七九年(昭和五十四)に奈良市郊外の茶畑で発見された太安万侶《おおのやすまろ》の墓に関するものがよく知られている。『古事記』の編纂者として著名ながら一部にはその実在を疑う意見すらあった人物の墓が検出され、焼かれた骨が真珠や墓誌とともに出土したのである。骨の鑑定を行ったのは京都大学にいた故池田次郎だが、墓から回収された骨はほぼ全身各部を含むものの、破損、変形も著しく、「熟年の男性」という、通常なら数分で終わりそうな鑑定の結果を出すまでの道のりは決して容易なものではなかった。池田はまず世界中の火葬骨に関する文献を収拾し、骨をどれくらいの温度で焼くとどのような変化が現れるのか、その色合いやひび割れの様子、縮小率などに関する知見を押さえた上で、太安万侶の墓から出土した焼骨が偶然に火を受けたものではなく、かなりの高温(七〇〇～八〇〇度以上)で荼毘に付され、この墓に埋納されたものであること、部位の重なりが見られないことから一体分のものであること、四肢骨《ししこつ》の焼け方にむらがないことから屍体《したい》が解体された可能性は低いこと(Buikstraの実験によると、例えば解体して焼くと関節部が他の部分より焼けやすい)、後頭部や背中の肩甲骨《けんこうこつ》などの焼け方が弱いことから仰臥位《ぎょうがい》の遺体の上にまきを積んで焼いた可能性があることなどを指摘した。そして、性については判定に有効な骨盤形態などは観察不能だが、比較的原型を保っていた後頭骨の厚みや下顎のサイズが縮小率を考慮してもなお男性の範疇に入ること、年齢については通常の判定でよく使われる歯が観察不能なので（七〇〇〜八〇〇度以上の高温で焼かれると歯のエナメル質が破壊されるため）、焼けても影響の少ない頭蓋縫合の部分を探し出してその癒合《ゆごう》がかなりすすんでいること、歯はなくても歯槽《しそう》（歯のはえていた顎骨部《がくこつぶ》）が全て残っており、閉鎖（生前に歯が脱落したことを示す）が見られないので、比較的高齢だが老年（六〇歳以上）である可能性は薄いことなどを指摘して、この焼骨が一人の熟年男性のものであることを明らかにした。もとより、太安万侶という人物の特定は主に一緒に出土した墓誌に拠るものだが、骨の鑑定もこれと矛盾しない結果となり、歴史上の人物の実在を確固たるものにする上で一役買う研究となった。

ただし、これはやはり様々な条件が揃った特例ともいうべきものだろう。右記のように残念ながら筆者はまだ火葬骨と聞けば、取り扱いの難しいやっかいなものという意識から抜け出せないでいる。しかし、二次葬にしろ火葬にしろ、先史集団の埋葬習俗の実態を追求することは当時の人と社会を考察する上で非常に重要な課題である。葬法には時代や地域によって様々な変異が見られるが、それは多様な自然・社会背景の下で生きる人々の死に対する痛切な思いを核として紡ぎ出された行為であり、先史集団の精神世界を垣間見る上でも有用な知見になるはずである。この北阡遺跡の火葬例がどのような意味を持つのか、幸いこの遺跡では山東大学によってその後も調査が重ねられ、多数の二次葬とともに、火葬墓らしきものも四基ほど追加されたという。ということは、火葬が単なる偶発現象ではなく、当時この地域で何らかの社会的機能を果たしていた可能性も出てくるだろう。多数の事例を精査していけば、その辺りの解釈につながる何かが新たに見えてくるかもしれない。栾宝実からはその確認調査も依頼されてるのだが、残念ながらまだ実現していない。

北阡遺跡大汶口時代人

さて少し脇道にそれてしまったが、この調査の当初の目的に話を戻そう。山東半島南岸の地に、稲作が伝わる以前の大汶口時代、どのような人たちが住んでいたのかということである。思いのほか時間がかかってしまったが、三年間にわたる資料整理、データ採取を終えた翌年、ようやく各分析の結果が出そろった。浮かび上がってきたのは、やはり日本の弥生人とはまだ隔たりのある特徴をもった人々の姿であった。

山東北半部や周辺域ですでに報告されていたように、この北阡大汶口人も面長で扁平《へんぺい》顔を特徴とすることでは日本の弥生人とも共通するのだが、頭蓋各部に微妙な違いを見せ、形態距離を算出した図60（横棒の長さが形態的な違いの大きさを示す）に示されているよう

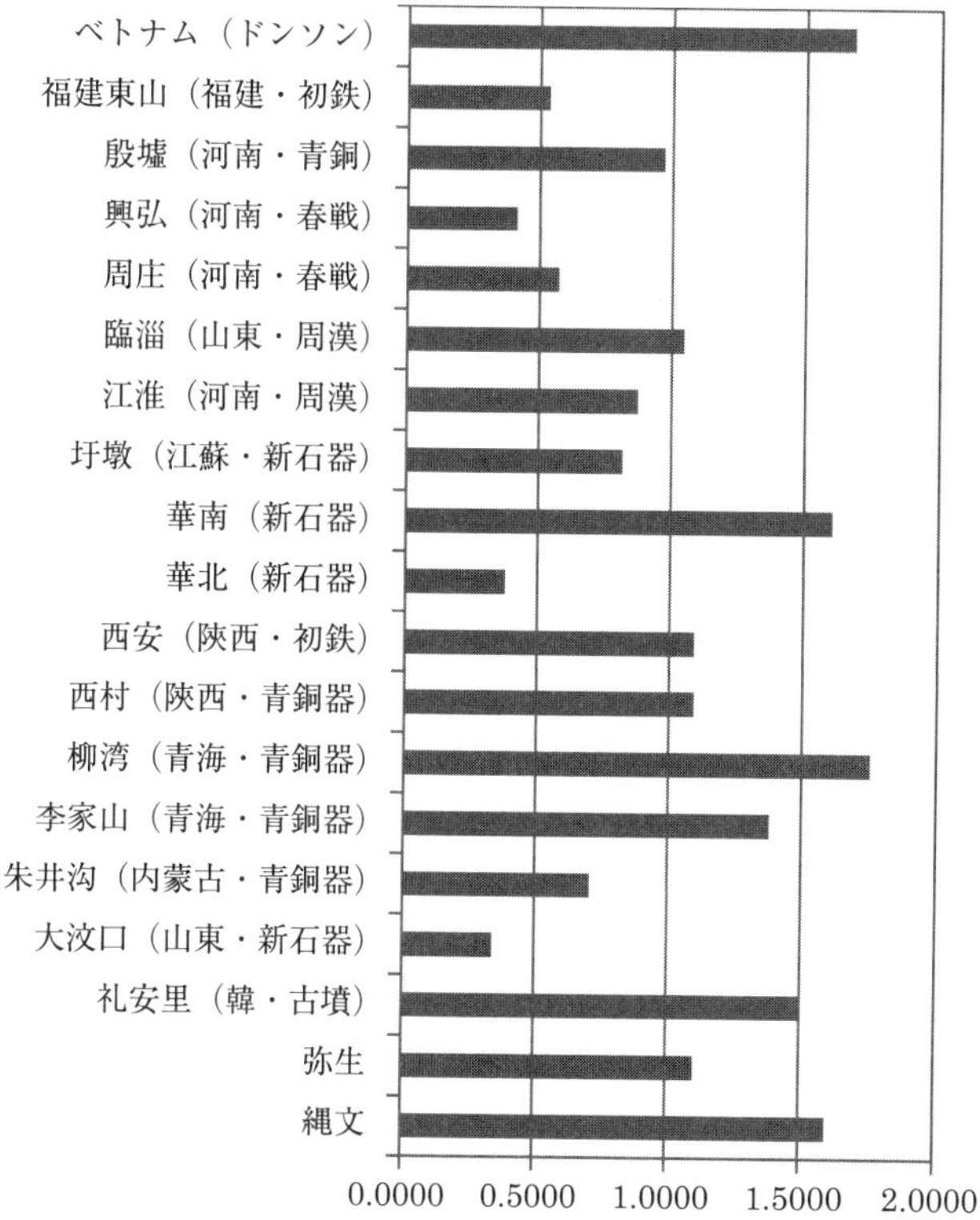

図60　北阡大汶口人からの形態距離（男性頭蓋，ペンローズ法）

に、北阡人は男女とも弥生人やこれに近い韓国の礼安里人などとの間にかなりの隔たりを見せている。最も近い特徴を持つのは地理的、時代的にも近い大汶口遺跡の人々で、他の華北集団（華北全体を集計した資料）との類似性も明らかである。要するにこの北阡の地にも、当時、中国北部に広く分布していた人々とよく似た集団が居住していたということなのだろう。

　頭蓋形態だけではなく、長崎大学の北川賀一の分析によって明らかになった歯のサイズの比較結果はもっと際だったものだった。北阡人の歯は異常といってよいほど小さく、逆に大きな歯を特徴とする弥生人とは明確な違いを見せたのである。以前から山東半島北岸に近い大汶口遺跡の人骨でも歯が小さいことが指摘されていたが、北阡はそれに輪をかけた小ささで、中国各地の資料も含めた比較群中でも最小サイズになっている（図61）。今回の調査によって山東新石器時代人の歯は確かにひどく小さいことが確認されたことになるが、それにしてもなぜ当地の住人は揃ってこんな小さな歯の持ち主なのか。歯のサイズは妊娠中の母体の栄養状態にも影響されるようなので、単純に遺伝的要因だけで説明するのは危険だが、かといって、山東地域が特に栄養不良になりやすい厳しい居住環境だったとも思えない。実は、大汶口遺跡で代表される山東の新石器人は、先史時代の東アジアでは最も長身の人々として知られているのである。この北阡集団も、男性一六五・四センチ、女

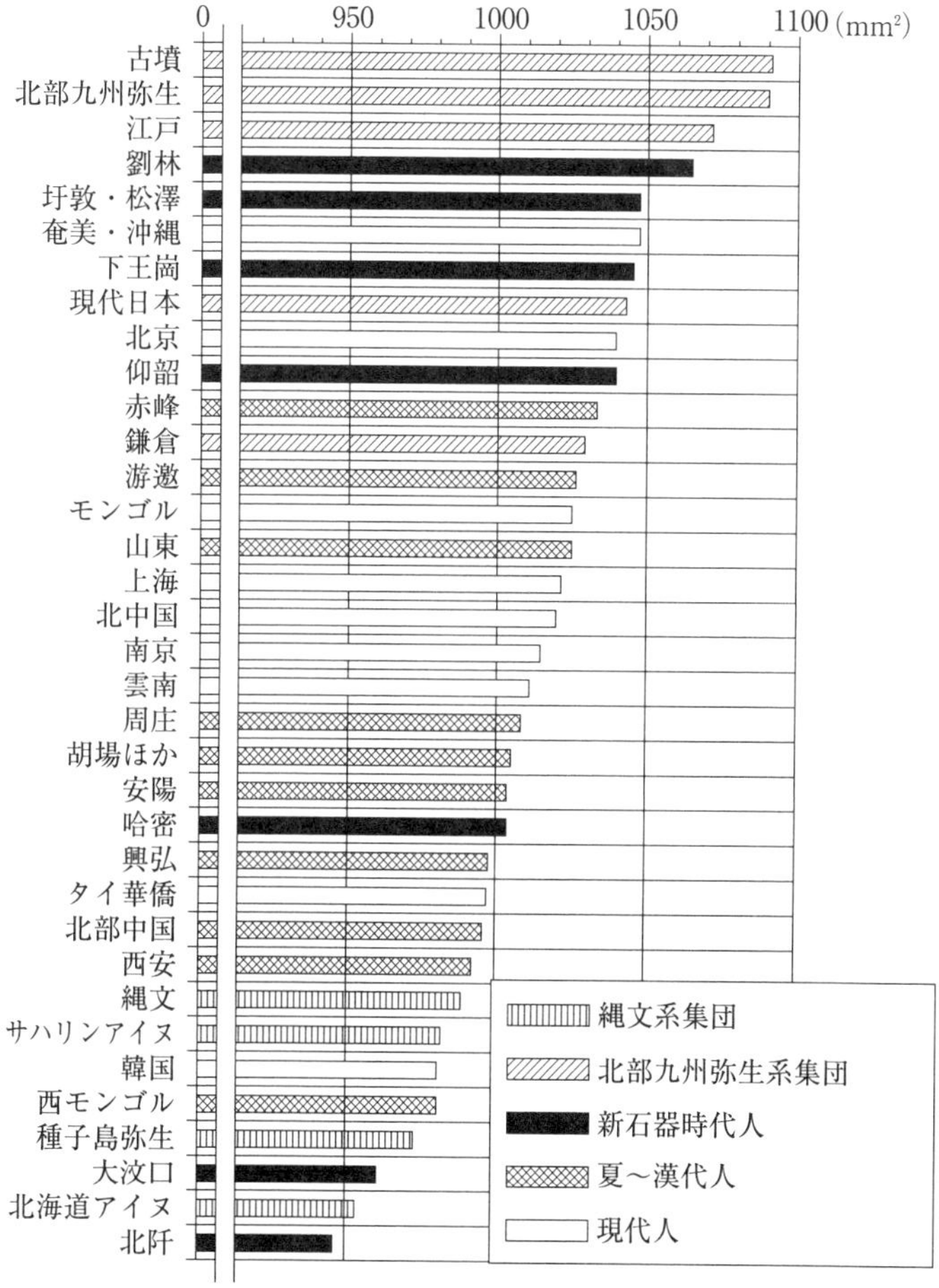

図61　北阡遺跡大汶口時代人の歯のサイズ（北川・栾，2013）

性一五四・八チセンで、男性で一七〇チセンにも達する大汶口遺跡の人々ほどではないにしろ、かなり高身長だったことは確かである。前述のように、身長は主に食物との関係でかなり大きく伸び縮みするので、全般的な生活環境の推移をたどる上でも有効な指標になるものだが、その観点からすればそれほど厳しい環境だったともいい難いだろう。それとも、本来はもっと高身長なのに、貧しい食生活のためにこれでも背が伸びきっていないということなのだろうか。

関係があるかどうかよくわからないが、北阡人にはここでもう一つ気にかかる特徴がある。それは、彼らの四肢骨がひどく細くて華奢《きやしゃ》だという点である。長さは他集団を上回るほどあるのだが、上、下肢とも非常に骨幹《こつかん》部が細く、特に上肢の細さが際立っていた。大腿骨《だいたいこつ》の粗線《そせん》などを見ると筋肉の発達は悪くないようだが、長さと太さの比率を出してみると、同じ時代の日本の縄文人とは歴然とした差が見られる（図62）。日本の先史時代人では下肢に比べて上肢が細いという特徴は農耕集団に多く、逆に上肢のたくましさが目立つのは、貝塚の縄文人など沿岸部で漁労を主な生業としていた集団である。泳ぐにしろ櫂《かい》や櫓《ろ》などを使うにしろ、海での生活には陸上より上肢への負担が増えるためだろう。その見方によれば、北阡人は日本の貝塚縄文人と似たような地理的環境にいながら、四肢の使い方には随分違いがあることになる。水稲耕作はまだだったにしても何らかの農業に手を染めていた可能性はあるので、あるいはその比率がわれわれの推測より大きかったということだろうか。しかし、一部発表された安定同位体による食性分析の結果では穀物類の摂取はまだそれほど多くはないという。岡崎健治が調べた虫歯の頻度も確かにかなり低く、いわゆる農耕集団ほどには穀物類への依存度が高くないとすれば、北阡人の体の使い方にはまだまだわれわれには見えない部分が多いということになる。

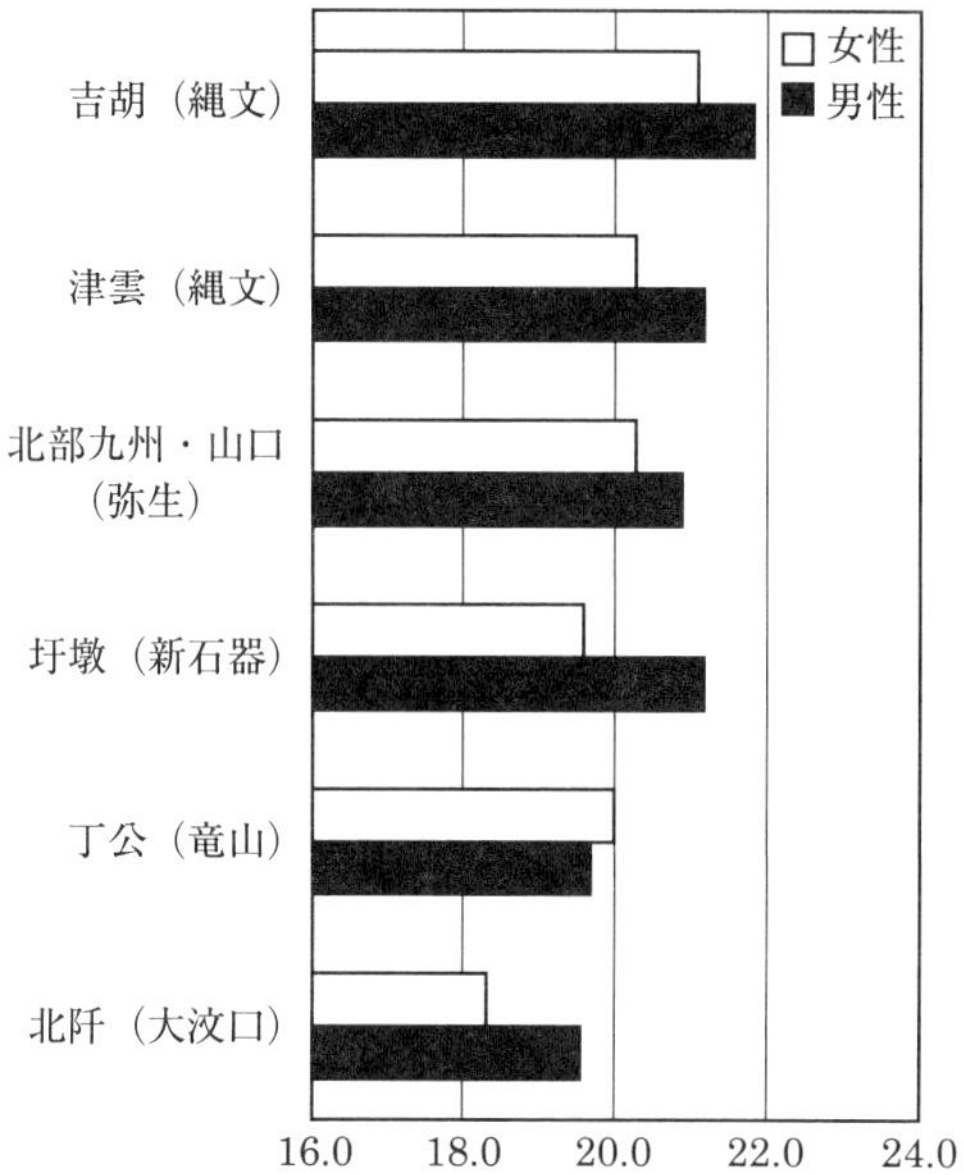

図62　大腿骨の長厚示数（太さ／長さ）の比較

さらなる追求に向けて

この北阡には、他にも例の頭蓋変形の問題があるし、さらに約半数の個体には、上顎両側の側切歯《そくせつし》を意図的に抜く風習的抜歯《ばっし》の痕跡ももっており、葬法の問題を含めてあれこれ興味深い風習を寄せ集めた観がある。残念ながらわれわれの調査はただいくつか問題点を浮かび上がらせただけになってしまったが、幸い、一緒に作業していた山東大学の女子学生が骨への関心を深めて古人類学研究者を目指すといいだし、めでたくアメリカに留学することが決まった。最初は日本の筆者の所へという希望を出してきたのだが、残念ながら筆者の定年でそれは果たせず、彼女の希望するような骨考古学的な研究、つまり骨に刻まれた生活痕を探るような分野なら、いっそアメリカがよいだろうということで、筆者もいくつか推薦書を書いてアプライしたところ、この分野の名門ミシガン大学に見事合格したのである。成果があらわれるのはかなり先の話になるだろうが、若い人が専門家として自国の問題を追求するようになれば、これに勝ることはないだろう。

さて、各種の風習にまつわる問題はともかくも、右記のように今回の調査によって水稲耕作が伝播する前の（大汶口文化期）山東半島南岸には、まだ弥生人とはかなり異なった特徴を持った人々が住んでいたことが確認された。前述のように、山東半島北半では、東周～漢代になると弥生人に近い形質の人々があらわれていたことが以前から知られているが、その前の龍山文化期にはまだそうした特徴が明確ではないこともわれわれの調査によって判明している。従って問題は、この龍山文化期の半島南岸の人々である。そのころに起きた水稲稲作文化のこの地への伝播にどういう人たちが関与していたのか、はたして弥生人の原型になり得るような人たちが新たな生業と共にこの地に広がるのだろうか。それが確認できれば、水稲耕作の伝播と人の拡散が連動していた可能性が高まり、それはまた、江南―山東半島―朝鮮半島―日本へ、という伝播ルートの仮説に一層現実味を与えることになろう。

もちろんこの仮説の検証には、前述のように、出発点である江南の先史人に関する空白を埋める資料の発見と分析も不可欠である。龍山文化期ごろに稲作と共に江南から山東へと人が拡散してきたとしても、起点となる江南に当時どういう人たちがいたのかがわからないままでは話を始めようもない。二〇一四年の夏、この課題をテーマとする新たな調査が上海において開始された。鳥取大学の岡崎健治を代表として、やはり筆者の学生であった土井ヶ浜《どいがはま》ミュージアムの高椋浩史らをメンバーとするチームが、上海博物館の宋建らとの共同研究を実現させたのである。宋建とは、実は二〇年近く前に筆者も一度共同研究を企画し、寸前までいって頓挫《とんざ》した苦い経験がある。上海博物館の上司の許可がおりなかったためだが、その後も宋建とは機会あるごとに親交を深め、いつかまた、といい合ってきた。しかし、私のリタイアと共にそれもまた夢に終わったかと思っていたのだが、幸い教え子たちによって引き継がれることになったわけである。

最後に、こうした人の移動、拡散の探索については、いわずもがなのことだろうが、起点となった人々の特徴なり遺伝子組成が、そのまま原型を保ったまま広がっていくことはまずあり得ないことは留意しておくべきだろう。新人の拡散問題のところでも述べたように、ある集団が遺伝的に隔離されたまま別地域に移動、拡散するようなことは、特殊な要因でもない限りは非現実的な話になるはずで、当然、移動した先の人々と大なり小なり混血することになったろう。つまり、移動、拡散とともに、その原型に様々な修飾が加えられていったはずであり、それは彼らが伴った生活文化についても同様である。したがって、いつか江南の先史稲作民に特有の遺伝子マーカーでも見つからない限り、人間集団の拡散経路をたどるためには、想定されるルート各地の古住民に関する情報を揃えた上で形質や遺伝子組成の地理的、時代的変化を追っていく必要がある。何とも面倒な、まだまだ時間がかかりそうな話になってしまうが、はるか海を隔てた日本への渡来という、われわれの祖先が成し遂げた一種壮大ともいえる行為を考えれば、その源流にたどり着く道程もまたそう平坦ではない。

海を越えてきた人々を追って――エピローグ

大陸との交流から出現した倭人

日本列島の一角に倭人が登場するまでの道程をたどってみた時、残された課題の多くが結局は大陸との人の交流史に帰結することに改めて気付かされる。島国である以上、そして人類がそこで自生したわけではない以上、いつかどこかから人がやってこなければならないことは自明だが、最初の旧石器時代の人々にしろ、縄文人やあるいは渡来人の影響がほぼ確定した弥生人にしろ、いずれもその源流をたどる道は今も広大な大陸のどこかで途切れたままである。

そうした状況をうみだした背景に、大陸と指呼の距離に島々を連ねた日本列島の絶妙ともいえる地理的環境が強く作用していたことも明らかであろう。海に囲まれた島国であることは、そこに暮らす人々を一括りにして捉えやすくする一方、隣り合わせに大陸という広大で底の知れない供給源を抱えてしまえば、人にしろ文化面にしろ、その交流を問う話はどうしても複雑にならざるを得ない。列島といっても時代をさかのぼれば大陸の一部でしかなく、完新世《かんしんせい》になっても人の出入口になりやすい所が少なくとも三ヵ所もあるとなればなおさらである。

いたずらに問題の難しさを嘆くつもりはないし、解答を提示できない言い訳にするつもりもない。むしろこの容易に解きほぐせぬ問題の奥深さ、謎解きの面白さが結局のところ多くの研究者を誘引し、足かけ三世紀にもわたって熱く多彩な議論を展開する結果をもたらしたのだろう。当然のことながらこの間に解明された諸事実もまた多い。例えば謎に満ちた縄文人の起源問題にしても、アジア各地の先史住民に関する情報蓄積によって、探求の矛先を同時代の東アジアではなく更新世《こうしんせい》の昔に向けるべきことがはっきりしてきたことも、その成果の一つといえなくもない。なにやら消極的な、慰めに近いような成果といわれるかも知れないが、先の見えぬ濃密な霧の中で微かでも行くべき道が浮かび上がってくれば、それだけでも研究者は大いに鼓舞される。

倭人の故郷

とりわけ更新世のアジア北方は未解明の部分が多いが、この厳しい寒冷地に人が足を踏み入れたのは人類史の最後の段階になってのことだし、もともと人口も稀薄だったであろうことを考えれば、彼らの痕跡を探る作業がなかなか捗《はかど》らないのもいわば当然の成り行きだろう。私自身も何度かシベリア東端のほとんど手つかずの原野をうろついたことがあるが、果ても見えぬ寒々とした風景の中に時たま崩れかけた人家などを見つけたりすると、こんな所にまで、とむしろ人の営為の計り知れなさに胸を打たれたりした。それでももしかし、人跡稀なこの酷寒の地が、やがては日本列島へ流れ込んだ人たちの故郷だったことは、石器の流れから見て疑いようのない事実なのである。まだその姿こそ見えないものの、思いがけずも太平洋の向こうのケネウイックマンの発見によって、この課題についても貴重なヒントがもたらされた。「謎を残す列島の先住民」の章で述べたような推測が正しければ、いつか将来、アジア北方でも類似の、おそらくは縄文人や後のアイヌとも共通する特徴を持った人々の姿が浮かび上がるのでなかろうか。

もとより縄文人へとつながる道の探索を北方だけに偏らせるわけにはいかない。何度もいうようだが、この問題は北か南かではなく、北も南もというべきで、今われわれが国境線を引いている東シナ海や日本海ですら、人の移動を妨げる障害というより、むしろ大きな流通路と捉えるべきだろう。右記のシベリアへの人類拡散もさることながら、例えばここ数千年間に達成された広大な南太平洋の島々への移住史を顧みれば、狭い海峡はもとより果ての見えぬ海でさえ人間の拡散を阻止する障害にはなり得ないことをわれわれは肝に銘じるべきである。

縄文人から弥生人への移行

一方、最大の懸案として長く争点となってきた縄文人から弥生人への移行問題については、このころに大陸から渡来した人々の存在とその遺伝的影響が以後の日本人の形成に大きく作用したことが、多くの関連分野も巻き込んだ研究の中でほぼ確定的となった。筆者がこの分野に飛び込んだ一九七〇年代には、まだ縄文人からの連続性を土台にした鈴木尚の「移行説」が一般に流布していたことを想えば、まさに隔世の感がある。そのころ、ある発掘現場で筆者が金関丈夫の渡来説を口にすると、まだそんなことを信じているのかと地元の研究者に詰問されたことを憶えている。朝鮮半島に最も近接し、縄文から弥生への移行が全国に先駆けて起きた、いわば弥生文化発祥の地である北部九州の考古学者の多くは、当時、土器など考古遺物の精細な分析を通して、大陸からの影響は認めるものの、稲作を柱とする弥生文化創世の主体はあくまで土着の、つまりは縄文時代からこの地に住んでいた人々の、いわば選択的な先進文化の受容によって成し遂げられたと考えていた。筆者が最も信頼し、多くの調査、研究を共にしてきた故橋口達也もまたその一人である。甕棺《かめかん》編年をはじめとする同氏の多岐にわたる研究成果は、今も北部九州を舞台とする考古学研究には必須の基本文献となっているが、他の多くの考古学者が次第に「渡来説」を容認する動きの中で、橋口は先年、旅先で急死する最後までとうとう自説を曲げなかった。

自説を曲げないという、その頑《かたく》なな姿勢を批判するつもりは毛頭ないし、そもそも筆者にはその資格すらなかろう。新人アフリカ起源説に強い疑義を抱き、今なお批判し続けている筆者の態度も似たようなものだ。むしろ筆者は、土器などの考古遺物の時代推移の状況から渡来人の寄与をごく限定的に捉える橋口らの、いわば長年にわたる考古学研究の中で醸成された見解は無視できないと考えている。親しかった故人への追悼めいた気持ちでいうのではない。実際に筆者が集団遺伝学者の飯塚勝の協力を得て、大陸から北部九州への人の流入について、少数渡来とその後の急激な人口増加による土着集団との人口比逆転というシナリオを提示したのも、こうした橋口らの見解に少しでも整合しそうな交代劇を模索した結果である。

弥生人とはどのような人々か

先にも触れたように、北部九州には、縄文から弥生移行期の資料欠落という、渡来の実態を探るには致命的ともいえる問題が残されている。まさに時代の端境《はざかい》期の人骨資料がないため、例えば板付《いたづけ》遺跡や菜畑《なばたけ》遺跡など、わが国で最初に水稲耕作を始めたのがどういう人たちだったのか、われわれはまだその実像を知らない。稲作開始から少なくとも二、三〇〇年後、甕棺の普及と共に大量に出土し始める、いわゆる渡来系弥生人がその実行者だったのかどうか、そう推測することは彼らに関するこれまでの分析結果を考えれば自然なことかも知れないが、しかし、わずかに出土した弥生初期の、しかも朝鮮半島に起源があることが明らかな支石墓の被葬者は、高顔、高身長のいわゆる「渡来系弥生人」ではなく、縄文人的な特徴と抜歯《ばっし》風習を持った人たちだった。その一方でしかし、福岡市雀居遺跡のような、やはり空白期の弥生前期にさかのぼる時期に面長で扁平《へんぺい》な顔立ちの女性がいたことも確認されている。橋口や金関恕ら有力考古学者たちが、変革の担い手を渡来人ではなく土着の縄文系住人の手に帰したのは、こうした安易な解釈を許さない錯綜《さくそう》した発掘事例の影響もあってのことである。

この大陸に最も近接した北部九州で弥生時代への扉を開いたのは水田稲作の技術をもって渡来した人々なのか、それとも土着の人々による先進文化の受容がきっかけだったのか。支石墓人骨の問題に加え、橋口らの指摘のように弥生開始期の生活用具の多くに縄文伝統が見て取れることを考えあわせれば、少なくとも一時大きな話題を呼んだ「百万人渡来説」のような大量の移住者を想定することは不合理であろう。ただ、もし縄文系住民が主体の変革なら、稲作開始を契機に北部九州で急増する遺跡の住人もそうした人々だったろうし、当然、その後の弥生中期の当地には縄文人的特徴を受け継いだ人々が主体の社会が形成されていたはずである。しかし、実際にはそうなっておらず、弥生前期末〜中期に大量に出土し始める人骨は、「渡来系弥生人」の言葉が示すような、大陸集団と見紛う特徴の持ち主なのである。

そうなるとしかし、最初は少数派だったはずの彼らがその後のわずかな期間（弥生開始期から人骨が出土し始める前期末まで）に本当に地域住民のほとんどを占めるまでに成長できるかどうかが改めて問われることになる。一つの解答へのヒントは、弥生中期の北部九州で観察された高い人口増加率（少なくとも一〜三％）にある。世界的にも農耕を始めた人々は急激な人口増加を見せることが各地で報告されている。まだ人口が少なく、可耕地にゆとりがあった弥生初期には、中期以上に高い人口増加が起きたとしても不自然ではない。そこで、土着集団との混血率や人口増加率など様々なあり得べき条件を組み合わせて稲作開始期から中期に至る人口比の変化を探ってみた結果、農耕集団として現実的な人口増加率をもってすれば、土着集団との人口比の逆転は十分起こりえるとの結果が得られた（図63）。

もちろん、これは様々な前提をおいた上でのシミュレーションであり、その是非はひとえに今後の縄文末〜弥生開始期の人骨資料発見にかかっている。願わくば、同時期の朝鮮半島の資料も組み合わせて分析できれば、自ずと明確な答えにたどり着くはずだ。果たしてそんな日がいつ来るのか、とりあえず現存のデータを拠り所として空白期の復元を試みた次第だが、少数渡来とその後の渡来系住民の急増、人口比の逆転、という右記のシナリオは、現在の北部九州における考古学情報と出土人骨に関する人類学的情報をある程度整

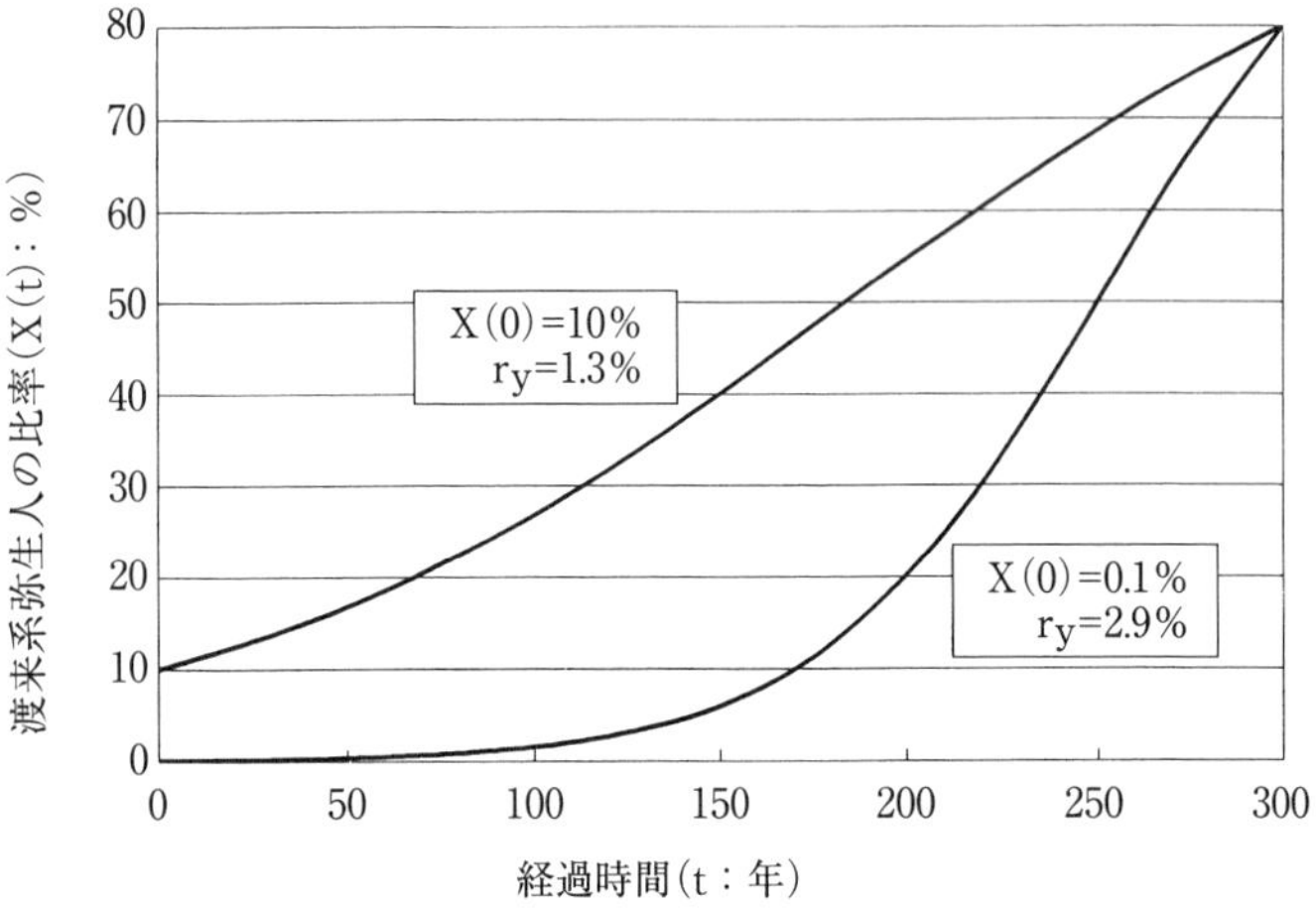

図63　稲作開始期から弥生中期までの人口構成の変化

合させ得る一つの解釈にはなろうかと考える。北部九州で始まった高い人口増加の火は、その後西日本からやがては東日本まで、各地に稲作の適地を求めて次々と飛び火して行ったのだろう。

支石墓の謎

最後に、列島を舞台とした大きな流れはそうだとしても、大陸起源の支石墓に縄文人とそっくりな人物が埋葬されていたという事実は、なお説明を求めて執拗に筆者にまとわりついたままである。大石を用いた、おそらく村の男が総出でかからないと実現できないこの特異な墓制の継承は、単なる模倣行為として説明するのは難しく、少なくともそうした伝統文化の中で育った人々の関与を想定するのが妥当であろう。そして、それが縄文人的特徴の持ち主だったということは、おそらく支石墓の起源地である半島側にも類似の人々がある時点まで残留していた可能性を示唆しているように思える。釣り針や石器など、以前から半島と北部九州には共通の文化要素の存在が指摘されており、少なくとも半島沿岸部には海峡を自由に行き交う、日本の縄文人的な特徴を共有する人たちがある時点まで居住し、海をわたった北部九州でも伝統の支石墓を造営していたということではなかろうか。やがてしかし、日本と同様、半島内でも急速に膨張する、彼らとは特徴を異にした高顔、高身長の稲作集団に吸収されてその姿を消して行ったのだろう。今のところ筆者の想像はこの辺りまでしか及ばないが、いずれ支石墓の故地である朝鮮半島においてその被葬者の姿が明確になれば、この想像の是非もおのずと明らかになるはずである。

ひどくローカルな、列島の一部の問題に拘泥《こうでい》しすぎと思われるかも知れないが、最後に触れたこれらの問題は、その後の日本を大きく塗り替えた大陸の人と文化が、海峡という決して小さくはない障害を越えてどのように日本に流入し、いかに土着の人々と絡み合いながら新しい社会を創世していったのかを問う話である。その具体像の復元は広く人と文化の伝播に関係した基本的な課題につながっており、やがては弥生化の大波に洗われる列島各地の変化を考える基石にもなるはずである。

あとがき

どの分野にも定説といわれるものがあり、長年研究を続けていると、それが覆るところを一度や二度は経験するだろうが、私の場合、日本人の形成史における最大の争点だった弥生時代の渡来問題に関する逆転劇を、それもこの分野に飛び込んだばかりの若い頃に経験したことは、その後の私の研究活動に大きな影響を与えたように思う。それまで渡来人の影響を否定する学説の代表格だった研究者が、急に考えを変えて、たちまちのうちに今度は渡来肯定派の代表格に収まる姿も目の当たりにしてきた。むろん、研究の進展によって自身の考えが変化するのは当然だし、諸情報が指し示す方向を無視して意固地に自説にこだわる方こそ問題かも知れないが、ただ、その転身のあまりの鮮やかさにまずは驚き、さりとてどういう対処、振る舞いが研究者としてあり得べき姿なのかと、いろいろ考えさせられることが多かった。

同時にまた、教科書に載るような学説の中にも、よく見ると脆弱《ぜいじゃく》な基盤の上に危うく乗っかっているだけのものもあり、往時にはさもありなんと思われた情報も、あとでまた別の角度から眺めただけで違った色相を帯び始めるようなことがあることも痛感した。話が違うが、かつて相沢忠洋による旧石器発見が突破口になって、その後ウソのように各地で発見が相次いだ現象も、研究者の目にどういうフィルターが掛かっているかによって、まるで違う世界が見え始めたりすることを端的に示していよう。

実験や理論でカタが付く分野ならこうはならないのだろうが、多分野にまたがる、しかもどの一つも決め手にはなり得ない情報を練り合わせて論を構築することが求められる古人類学では、こうした迷走はいわば宿命のようなものかもしれない。二〇世紀終盤になって議論が沸騰し、世紀が変わった現在はすでに定説化しつつある新人の起源問題は、どうなのだろうか。本書で私が今なお疑義を書き連ねているのも、その自覚があるわけではないが、あるいはこの若い頃に出くわした逆転劇に影響されて必要以上に疑い深くなっているだけなのだろうか。自分を頑迷固陋《がんめいころう》な石頭の持ち主とする自覚はまだないが、「自覚」が単なる錯覚になりかねない年齢にさしかかっているのは事実なので、その是非の吟味はひとまず今後の研究進展に委ねることにしたい。

本書で採り上げた日本人の形成史にまつわるいくつかの課題についても、多くは未解決のまま後進に委ねるかたちになってしまった。話の途中、あれこれ道草をしたり脇道に逸れたりして、そのあげくゴールにたどり着けぬままでは読者こそいい迷惑だろうが、おそらく未決案件にもっとも心を遺しているのは筆者自身だということで何とかご容赦いただければと思う。時には思い切った推論を書き並べるのも無意義ではないかもしれないが、ここではなるべく疑問は疑問としてできるだけ研究前線の現状をありのまま伝えるべく努めた。経験上、手垢まみれの想像画を手渡されてもさしたる益はなく、むしろ白紙の中に自由に自分の絵を描いてもらった方が問題解決には有効だろうと思うからだ。もちろん、本書で触れ得なかった他の多くの課題も含めて、単に私の知識、洞察が及ばないだけで、余人の新鮮な視線、斬新な手法によればあっさり答えが見えてくる可能性は大いにあるだろう。願わくば本書がそんな今後の新たな展開の端緒にでもなってくれれば、著者としてこれ以上の喜びはない。

最後になるが、本書の執筆にあたり種々のご教示、ご支援をいただいた多くの先達、同僚、後輩の皆様に心から感謝したい。また、執筆がはかどらず、吉川弘文館の石津輝真氏、大熊啓太氏には大変ご面倒をかけしてしまった。心よりお詫びとお礼を申し上げたい。

二〇一五年二月

中　橋　孝　博

参考文献

旧石器時代の日本列島人

大橋順・徳永勝士　一九九八「ＨＬＡ遺伝子から―遺伝子から探る日本人の起源（一）」『遺伝』五二

海部陽介　二〇〇五『人類がたどってきた道―〝文化の多様化〟の起源を探る―』日本放送出版協会

海部陽介　二〇一四「フローレス原人 Homofloresiensis の謎」『生物科学』六五―四

河村善也　一九九八「第四紀における日本列島への哺乳類の移動」『第四紀研究』三七―三

木村英明　一九九五「寒冷地への適応戦略」米倉伸之編『モンゴロイドの地球四』東京大学出版会

小西省吾・吉川周作　一九九九「トウヨウゾウ・ナウマンゾウの日本列島への移入時期と陸橋形成」『地球科学』五三―二

篠田謙一編　二〇一三「化石とゲノムで探る人類の起源と拡散」『別冊日系サイエンス』

春成秀爾　一九九四「「明石原人」とは何であったか」日本放送出版協会

春成秀爾　二〇〇〇「更新世末の大型獣の絶滅と人類」『国立歴史民族博物館研究報告』九〇

馬場悠男編著　二〇〇五『人間性の進化』日経サイエンス

毎日新聞旧石器遺跡取材班　二〇〇一『発掘捏造』毎日新聞社

松浦秀治・近藤恵　二〇〇〇「日本列島の旧石器時代人骨はどこまでさかのぼるか」馬淵久夫・富永健編『考古学と化学をむすぶ』東京大学出版会

松村博文　二〇〇一「最北に生きた船泊遺跡の縄文人―波浪を超えた交流―」『日本人はるかな旅展』（図録）
スティーブ・ジョーンズ　二〇〇四『Yの真実―危うい男達の進化論―』（岸本紀子・福岡伸一訳）化学同人
Bannai M, Ohashi J, Harihara S, Takahashi Y, Juji T, Omoto H, and Tokunaga K　2000　Analysis of HLA genes and haplotypes in Ainu (from Hokkaido, northern Japan) supports the premise that they descent from Upper Paleolithic populations of East Asia. Tissue Antigens 55 (2)
Kaifu, Y., M. Fujita, R. T. Kono, and H. Baba　2011　Late Pleistocene modern human mandibles from the Minatogawa Fissure site, Okinawa, Japan : morphological affinities and implications for modern human dispersals in East Asia. Anthropological Science, doi : 10.1537/ase.090424.

謎を残す列島の先住民―縄文時代人

安里進・土肥直美　一九九九『沖縄人はどこから来たか』ボーダーインク
岡崎健治・中橋孝博　二〇〇八「上黒岩遺跡の縄文早期人骨」小林謙一編『縄文時代の始まり』六一書房
川越哲志　一九七八「帝釈猿神岩陰遺跡の調査」『広島大学文学部帝釈峡遺跡群発掘調査室年報』Ⅰ
小林謙一　二〇〇七「縄文時代前半期の実年代」『国立歴史民俗博物館研究報告』一三七
小林謙一　二〇一〇『縄文文化のはじまり―上黒岩岩陰遺跡―』新泉社
佐々木高明　一九九一『日本の歴史Ⅰ　日本史誕生』集英社

佐原　真　一九九九「日本・世界の戦争の起源」福井勝義・春成秀爾編『人類にとって戦いとは一　戦いの進化と国家の生成』東洋書林
茂原信生ほか　一九九三『北村遺跡』長野県埋蔵文化財センター発掘調査報告書一四
諏訪元ほか　二〇一二「特集古人類学・最新研究の動向―人類の進化と拡散・日本列島人の形成史―」『季刊考古学』一一八
高宮広土　二〇〇五『島の先史学―パラダイスではなかった沖縄諸島の先史時代―』ボーダーインク
中橋孝博　一九九九「北部九州における弥生人の戦い」福井勝義・春成秀爾編『人類にとって戦いとは一　戦いの進化と国家の生成』東洋書林
中橋孝博　二〇〇五『日本人の起源―古人骨からルーツを探る―』講談社
春成秀爾・小林謙一編　二〇〇九「愛媛県上黒岩遺跡の研究」『国立歴史民俗博物館研究報告』一五四
平本嘉助　一九七二「縄文時代から現代に至る関東地方人身長の時代的変化」『人類学雑誌』八〇
松井　章　二〇〇三「自説は論文で証明せよ」『文化遺産の世界』一一
松井　章　二〇〇四「骨を切る・削る・磨く―傷痕からみた古代人の行動―」沢田正昭編『科学が解き明かす古代の歴史』クバプロ
山口　敏　一九九九『日本人の生い立ち』みすず書房
米田　穣　二〇一〇「食生態にみる縄文文化の多様性」『科学』八〇
マービン・ハリス　一九九七『ヒトはなぜヒトを食べたか』（鈴木洋一訳）早川書房
Richard A. Marlar　2000　Biochemical evidence of cannibalism at a prehistoric Puebloan site in south-

western Colorado. Nature 407

縄文人から弥生人へ—倭人の登場

池橋　宏　二〇〇五『稲作の起源—イネ学から考古学への挑戦—』講談社
池橋　宏　二〇〇八『稲作渡来民—「日本人」成立の謎に迫る—』講談社
印東道子編　二〇一三『人類の移動誌』臨川書店
尾本恵市　一九九六『分子人類学と日本人の起源』裳華房
金関丈夫　一九六六「弥生時代人」『日本の考古学三　弥生時代』河出書房新社
金関恕編　一九九五『弥生文化の成立—大変革の主体は「縄文人」だった—』角川書店
北川賀一・欒宝実　二〇一三「山東省即墨北阡遺址出土大汶口文化人骨牙歯形態之研究」山東大学文化遺産研究院編『東方考古』一〇、科学出版社
篠田謙一　二〇〇七『日本人になった祖先たち』日本放送出版協会
寺沢　薫　二〇〇〇『王権誕生』講談社
中橋孝博・飯塚勝　一九九八「北部九州の縄文—弥生移行期に関する人類学的考察」『人類学雑誌』一〇六
中橋孝博・高椋浩史・欒宝実　二〇一三「山東省北阡遺跡出土之大汶口時期人骨」山東大学文化遺産研究院編『東方考古』一〇、科学出版社
宮本一夫　二〇〇一『農耕の起源を探る—イネの来た道—』吉川弘文館
ルーカ＆フランチェスコ・カヴァーリ＝スフォルツァ　一九九五『わたしは誰、どこから来たの—進化にみるヒトの「違い」の物語—』（千種堅訳）三田出版会

コリン・レンフルー　一九九三『ことばの考古学』（橋本槙矩訳）青土社
スティーブン・オッペンハイマー　二〇〇七『人類の足跡一〇万年全史』（仲村明子訳）草思社
ブライアン・サイクス　二〇〇一『イヴの七人の娘たち』（大野昌子訳）ソニーマガジンズ
ニコラズ・ウエイド　二〇〇七『五万年前―このとき人類の壮大な旅が始まった―』（沼尻由起子訳）イースト・プレス
Brace C. L., and Nagai, M　1982　Japanese tooth size : past and present. Amerioan J. Phys. Anthropol. 59

著者紹介
一九四八年、奈良県に生まれる
一九七三年、九州大学理学部生物学科卒業
一九七六年、九州大学大学院博士課程中退
現在、九州大学名誉教授、博士(医学)

主要編著書
『日本人の起源』(講談社、二〇〇五年)
『古代史の流れ』(共著、岩波書店、二〇〇六年)
『中国江南・江淮の古代人』(編著、てらぺいあ、二〇〇七年)
『Ancient people of the Central Plains in China』(編著、九州大学出版会、二〇一四年)

歴史文化ライブラリー
402

倭人への道
人骨の謎を追って

二〇一五年(平成二十七)六月一日　第一刷発行

著者　中《なか》橋《はし》孝《たか》博《ひろ》
発行者　吉川道郎
発行所　株式会社　吉川弘文館
東京都文京区本郷七丁目二番八号
郵便番号一一三—〇〇三三
電話〇三—三八一三—九一五一〈代表〉
振替口座〇〇一〇〇—五—二四四
http://www.yoshikawa-k.co.jp/
印刷＝株式会社 平文社
製本＝ナショナル製本協同組合
装幀＝清水良洋・宮崎萌美

ISBN978-4-642-05802-5

歴史文化ライブラリー

1996.10

刊行のことば

現今の日本および国際社会は、さまざまな面で大変動の時代を迎えておりますが、近づきつつある二十一世紀は人類史の到達点として、物質的な繁栄のみならず文化や自然・社会環境を謳歌できる平和な社会でなければなりません。しかしながら高度成長・技術革新にともなう急激な変貌は「自己本位な刹那主義」の風潮を生みだし、先人が築いてきた歴史や文化に学ぶ余裕もなく、いまだ明るい人類の将来が展望できていないようにも見えます。このような状況を踏まえ、よりよい二十一世紀社会を築くために、人類誕生から現在に至る「人類の遺産・教訓」としてのあらゆる分野の歴史と文化を「歴史文化ライブラリー」として刊行することといたしました。

小社は、安政四年（一八五七）の創業以来、一貫して歴史学を中心とした専門出版社として書籍を刊行しつづけてまいりました。その経験を生かし、学問成果にもとづいた本叢書を刊行し社会的要請に応えて行きたいと考えております。

現代は、マスメディアが発達した高度情報化社会といわれますが、私どもはあくまでも活字を主体とした出版こそ、ものの本質を考える基礎と信じ、本叢書をとおして社会に訴えてまいりたいと思います。これから生まれでる一冊一冊が、それぞれの読者を知的冒険の旅へと誘い、希望に満ちた人類の未来を構築する糧となれば幸いです。

吉川弘文館

歴史文化ライブラリー

民俗学・人類学

日本人の誕生 人類はるかなる旅 ― 埴原和郎
倭人への道 人骨の謎を追って ― 中橋孝博
神々の原像 祭祀の小宇宙 ― 新谷尚紀
女人禁制 ― 鈴木正崇
民俗都市の人びと ― 倉石忠彦
鬼の復権 ― 萩原秀三郎
海の生活誌 半島と島の暮らし ― 山口 徹
山の民俗誌 ― 湯川洋司
雑穀を旅する ― 増田昭子
川は誰のものか 人と環境の民俗学 ― 菅 豊
名づけの民俗学 地名・人名はどう命名されてきたか ― 田中宣一
番と衆 日本社会の東と西 ― 福田アジオ
記憶すること・記録すること 聞き書き論ノート ― 香月洋一郎
番茶と日本人 ― 中村羊一郎
踊りの宇宙 日本の民族芸能 ― 三隅治雄
日本の祭りを読み解く ― 真野俊和
柳田国男 その生涯と思想 ― 川田 稔
海のモンゴロイド ポリネシア人の祖先をもとめて ― 片山一道

考古学

農耕の起源を探る イネの来た道 ― 宮本一夫
O脚だったかもしれない縄文人 人骨は語る ― 谷畑美帆
老人と子供の考古学 ― 山田康弘
〈新〉弥生時代 五〇〇年早かった水田稲作 ― 藤尾慎一郎
交流する弥生人 金印国家群の時代の生活誌 ― 高倉洋彰
古 墳 ― 土生田純之
東国から読み解く古墳時代 ― 若狭 徹
銭の考古学 ― 鈴木公雄
太平洋戦争と考古学 ― 坂詰秀一

古代史

邪馬台国 魏使が歩いた道 ― 丸山雍成
邪馬台国の滅亡 大和王権の征服戦争 ― 若井敏明
日本語の誕生 古代の文字と表記 ― 沖森卓也
日本国号の歴史 ― 小林敏男
古事記の歴史意識 ― 矢嶋 泉
古事記のひみつ 歴史書の成立 ― 三浦佑之
日本神話を語ろう イザナキ・イザナミの物語 ― 中村修也
東アジアの日本書紀 歴史書の誕生 ― 遠藤慶太
〈聖徳太子〉の誕生 ― 大山誠一
聖徳太子と飛鳥仏教 ― 曾根正人
倭国と渡来人 交錯する「内」と「外」 ― 田中史生
大和の豪族と渡来人 葛城・蘇我氏と大伴・物部氏 ― 加藤謙吉

歴史文化ライブラリー

白村江の真実 新羅王・金春秋の策略——中村修也
古代豪族と武士の誕生——森 公章
飛鳥の宮と藤原京 よみがえる古代王宮——林部 均
古代出雲——前田晴人
エミシ・エゾからアイヌへ——児島恭子
古代の皇位継承 天武系皇統は実在したか——遠山美都男
持統女帝と皇位継承——倉本一宏
古代天皇家の婚姻戦略——荒木敏夫
高松塚・キトラ古墳の謎——山本忠尚
壬申の乱を読み解く——早川万年
家族の古代史 恋愛・結婚・子育て——梅村恵子
万葉集と古代史——直木孝次郎
地方官人たちの古代史 律令国家を支えた人びと——中村順昭
古代の都はどうつくられたか 中国・日本・朝鮮・渤海——吉田 歓
平城京に暮らす 天平びとの泣き笑い——馬場 基
平城京の住宅事情 貴族はどこに住んだのか——近江俊秀
すべての道は平城京へ 古代国家の〈支配の道〉——市 大樹
都はなぜ移るのか 遷都の古代史——仁藤敦史
聖武天皇が造った都 難波宮・恭仁宮・紫香楽宮——小笠原好彦
悲運の遣唐僧 円載の数奇な生涯——佐伯有清
遣唐使の見た中国——古瀬奈津子
古代の女性官僚 女官の出世・結婚・引退——伊集院葉子
平安朝 女性のライフサイクル——服藤早苗
平安京のニオイ——安田政彦
平安京の災害史 都市の危機と再生——北村優季
天台仏教と平安朝文人——後藤昭雄
藤原摂関家の誕生 平安時代史の扉——米田雄介
安倍晴明 陰陽師たちの平安時代——繁田信一
平安時代の死刑 なぜ避けられたのか——戸川 点
源氏物語の風景 王朝時代の都の暮らし——朧谷 寿
古代の神社と祭り——三宅和朗
時間の古代史 霊鬼の夜、秩序の昼——三宅和朗

文化史・誌

楽園の図像 海獣葡萄鏡の誕生——石渡美江
毘沙門天像の誕生 シルクロードの東西文化交流——田辺勝美
世界文化遺産 法隆寺——高田良信
語りかける文化遺産 ピラミッドから安土城・桂離宮まで——神部四郎次
落書きに歴史をよむ——三上喜孝
密教の思想——立川武蔵
霊場の思想——佐藤弘夫
四国遍路 さまざまな祈りの世界——星野英紀・浅川泰宏
跋扈《ばっこ》する怨霊 祟りと鎮魂の日本史——山田雄司

歴史文化ライブラリー

藤原鎌足、時空をかける 変身と再生の日本史 ― 黒田 智
変貌する清盛 『平家物語』を書きかえる ― 樋口大祐
鎌倉 古寺を歩く 宗教都市の風景 ― 松尾剛次
鎌倉大仏の謎 ― 塩澤寛樹
日本禅宗の伝説と歴史 ― 中尾良信
水墨画にあそぶ 禅僧たちの風雅 ― 高橋範子
日本人の他界観 ― 久野 昭
観音浄土に船出した人びと 熊野と補陀落渡海 ― 根井 浄
浦島太郎の日本史 ― 三舟隆之
宗教社会史の構想 真宗門徒の信仰と生活 ― 有元正雄
読経の世界 能読の誕生 ― 清水眞澄
戒名のはなし ― 藤井正雄
墓と葬送のゆくえ ― 森 謙二
仏画の見かた 描かれた仏たち ― 中野照男
ほとけを造った人びと 止利仏師から運慶・快慶まで ― 根立研介
〈日本美術〉の発見 岡倉天心がめざしたもの ― 吉田千鶴子
祇園祭 祝祭の京都 ― 川嶋將生
茶の湯の文化史 近世の茶人たち ― 谷端昭夫
海を渡った陶磁器 ― 大橋康二
時代劇と風俗考証 やさしい有職故実入門 ― 二木謙一
歌舞伎の源流 ― 諏訪春雄

歌舞伎と人形浄瑠璃 ― 田口章子
落語の博物誌 江戸の文化を読む ― 岩崎均史
大江戸飼い鳥草紙 江戸のペットブーム ― 細川博昭
神社の本殿 建築にみる神の空間 ― 三浦正幸
古建築修復に生きる 屋根職人の世界 ― 原田多加司
大工道具の文明史 日本・中国・ヨーロッパの建築技術 ― 渡邉 晶
苗字と名前の歴史 ― 坂田 聡
日本人の姓・苗字・名前 人名に刻まれた歴史 ― 大藤 修
読みにくい名前はなぜ増えたか ― 佐藤 稔
数え方の日本史 ― 三保忠夫
大相撲行司の世界 ― 根間弘海
武道の誕生 ― 井上 俊
日本料理の歴史 ― 熊倉功夫
吉兆 湯木貞一 料理の道 ― 末廣幸代
アイヌ文化誌ノート ― 佐々木利和
宮本武蔵の読まれ方 ― 櫻井良樹
流行歌の誕生 「カチューシャの唄」とその時代 ― 永嶺重敏
話し言葉の日本史 ― 野村剛史
日本語はだれのものか ― 川口 良 角田史幸
「国語」という呪縛 国語から日本語へ、そして〇〇語へ ― 川口 良 角田史幸
柳宗悦と民藝の現在 ― 松井 健

歴史文化ライブラリー

遊牧という文化 移動の生活戦略——松井　健
薬と日本人——山崎幹夫
マザーグースと日本人——鷲津名都江
金属が語る日本史 銭貨・日本刀・鉄炮——齋藤　努
バイオロジー事始 異文化と出会った明治人たち——鈴木善次
ヒトとミミズの生活誌——中村方子
書物に魅せられた英国人 フランク・ホーレーと日本文化——横山　學
災害復興の日本史——安田政彦
夏が来なかった時代 歴史を動かした気候変動——桜井邦朋

世界史

中国古代の貨幣 お金をめぐる人びとと暮らし——柿沼陽平
黄金の島 ジパング伝説——宮崎正勝
琉球と中国 忘れられた冊封使——原田禹雄
古代の琉球弧と東アジア——山里純一
アジアのなかの琉球王国——高良倉吉
琉球国の滅亡とハワイ移民——鳥越皓之
王宮炎上 アレクサンドロス大王とペルセポリス——森谷公俊
イングランド王国と闘った男 ジェラルド・オブ・ウェールズの時代——桜井俊彰
魔女裁判 魔術と民衆のドイツ史——牟田和男
フランスの中世社会 王と貴族たちの軌跡——渡辺節夫
ヒトラーのニュルンベルク 第三帝国の光と闇——芝　健介
人権の思想史——浜林正夫
グローバル時代の世界史の読み方——宮崎正勝

各冊一七〇〇円〜一九〇〇円(いずれも税別)
▽残部僅少の書目も掲載してあります。品切の節はご容赦下さい。